新手一学就会，
可爱、简单的糖霜曲奇

[日] 日本主妇兴趣技能协会　著

冯莹莹　译

中国水利水电出版社
www.waterpub.com.cn

·北京·

前言

　　我们常常在甜品店里看到各种形状可爱、色彩缤纷的糖霜曲奇，无论大人还是孩子都对它爱不释手。乍一看会觉得它的做法较难，其实只要掌握了其中窍门就能轻松完成。如能将其作为礼物赠送他人，对方定会惊喜不已。

　　本书将介绍由日本一般性社团法人——日本主妇兴趣技能协会的500名糖霜曲奇师所遴选出的多款作品。包括以万圣节、圣诞节等不同节日及季节为主题的曲奇，以及用于恭贺亲友生日、新婚及新生儿诞生等不同场合的曲奇，每一款作品都极具创意。

　　本书囊括了多位讲师的设计理念及技法，相信无论是初学者还是业内人士都会受益良多。

　　倘若你能从中找到自己喜欢的造型，请一定试着做一下。如果你能通过该书体会到制作糖霜曲奇的乐趣，实乃我们的一大幸事。

一般性社团法人　日本主妇兴趣技能协会

代表理事　桔梗　有香子

Contents

Part.1

关于糖霜的
基本操作

制作糖霜曲奇的主要材料

曲奇用材料

❶香草精 ❷低筋面粉 ❸砂糖 ❹高筋面粉 ❺鸡蛋 ❻无盐黄油

糖霜用材料

❶食用色素（color gel）❷糖粉 ❸水 ❹黑可可粉 ❺蛋清粉

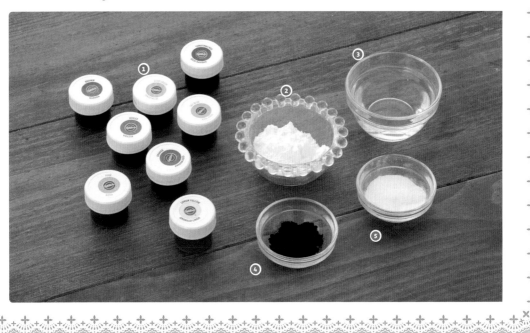

制作糖霜曲奇的主要工具

曲奇用材料

❶烘焙垫 ❷筛网 ❸盆 ❹食品塑料袋 ❺擀面杖 ❻橡胶刮铲 ❼打蛋器 ❽曲奇模具 ❾直尺

糖霜用材料

❶透明胶带 ❷彩色胶带 ❸订书器 ❹透明玻璃杯 ❺盆 ❻透明玻璃纸（OPP纸）
❼勺子 ❽牙签 ❾镊子 ❿小毛笔 ⓫橡胶刮铲

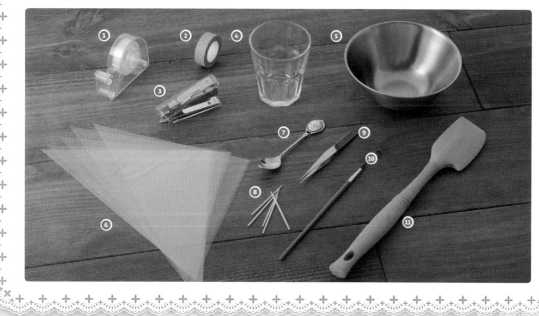

制作曲奇面坯的方法

＊材料＊
- 无盐黄油 90g
- 砂糖 70g
- 香草精 适量
- 蛋液 25g
- 低筋面粉 200g

适当控制甜度能使曲奇搭配糖霜食用时依然美味。

用打蛋器将室温放置的黄油充分搅散。

加入砂糖、香草精后继续打发至发白状态。

分两次加入蛋液，且每次都要充分混匀。

加入过筛后的低筋面粉，并用橡胶刮铲混匀至无面粉颗粒的状态。

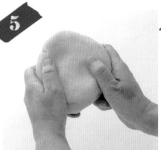

最后用手充分揉压以使面坯规整成形。

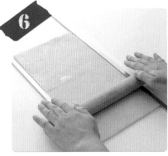

将适量面坯放入塑料袋中，并将宽度为5mm的直尺置于两侧，然后沿直尺擀平面坯。

将面坯放于砧板上再放入冰箱冷藏，醒面30分钟以上。（如时间不够可在冷冻层中放置10分钟。）

可尝试各种面坯

操作时可将1/10的低筋面粉变为可可粉、抹茶粉或草莓粉等，如此便可做出不同口味及颜色的面坯。如果颜色过于单调，还可使用食用色素。

做好面坯后可尝试用模具定型！

用模具定型曲奇

用剪刀剪开塑料袋的两边。

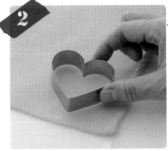

用曲奇模具定型。

用手指从模具里轻扣出面坯，然后排列在铺有烘焙垫的烤盘上（对于手指无法伸入的细小模具，可用牙签的圆头轻压而出）。

为防止面坯粘连模具，可事先给模具撒上干粉。

使用电烤箱时，需事先预热至180℃，烤制15分钟左右（煤气烤箱需用170℃烤12分钟左右）。

如何自制曲奇模具

将图样放入透明文件夹中，并用油性记号笔描出轮廓。

用剪刀将文件夹上的图样剪下。

将剪下的图样置于面坯上，再用刀沿着图样切割面坯。

曲奇棒的烤制方法

需将曲奇烤至3mm厚，或用2片曲奇夹住一个小棒来烘烤。（为防止小棒焦糊，可先用锡箔纸包裹。）

蛋白糖霜的打发方法

＊ 材料 ＊
· 糖粉 200g
· 蛋清粉 5g
（也可以蛋白代替）
· 水约 30cc
（水量因季节、 温度可
略调整）

将糖粉与蛋清粉加入盆中后用刮铲充分混匀， 如有硬块可过筛。

加水后需迅速搅匀， 以防混入空气。 用量较多时， 可用搅拌器混匀。

当糖霜呈现光泽时即完成。 （达到提拉后尖角可定型的硬度）

用保鲜膜将打发好的糖霜包好后放入密闭容器中， 再放入冰箱冷藏。 使用前略微打发一下即可， 需在3日内用完。

用尖角确定糖霜硬度

操作时可用水量调整糖霜硬度， 用勺子提拉糖霜即可分辨不同硬度。

偏硬

糖霜的尖角直立定型， 可通过金属卡口制作花、 叶等造型。

中等硬度

糖霜的尖角微弯， 常用于绘制轮廓及图案， 还可用于粘贴各种组件。

偏软

糖霜呈可流动状， 常用于涂抹等操作。

使用生鸡蛋制作蛋白糖霜时

可用餐叉打发蛋清， 然后加入糖粉， 再用橡胶刮铲充分混匀。 最后依照上表决定糖霜硬度。

＊ 材料 ＊
· 糖粉 200g
· 蛋清 30g

给糖霜上色的方法

需加深颜色时,可用牙签的圆头蘸取色素后加入。

Point

用牙签尖头蘸取少量色素, 加入打发好的糖霜中。

用勺子充分混合糖霜至色调均匀。

若颜色过浅, 可适当增加色素用量。

使用黑可可调制黑色

仅用色素无法将糖霜调成黑色,用黑可可的效果更好。

Point

搅拌时糖霜呈深棕色,放置一会儿后,颜色会逐渐变黑。

Point

可可会在放置时吸收水分而变硬。

将黑可可粉加入打发好的糖霜中, 充分搅匀。

加入适量水, 调整糖霜硬度。

如何调制淡雅色系

先给糖霜上基础色。

加入少量黑色素。

充分搅匀后即可做出淡雅的颜色。

※为让大家更容易理解,这里用烘焙纸代替透明玻璃纸来操作。

将透明的玻璃纸（20cm X 20cm）沿对角线剪成两半。

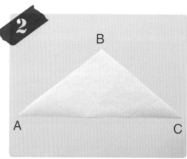

将等边三角形的三个角分别设为ABC。

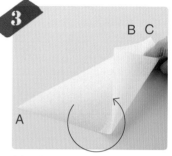

卷起三角形以使B角与C角重合,同时按住重合处,将A角卷向C角原来的位置。

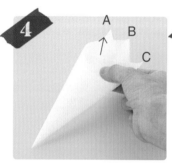

按住B、C重合处的同时调整A角,使前端形成了一个闭合的尖角。

用订书器将A、B、C三处的重合部位固定。

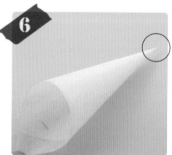

最后检查一下锥体尖端是否充分闭合。

比色图表

※白色（WH）为糖霜上色前的状态。

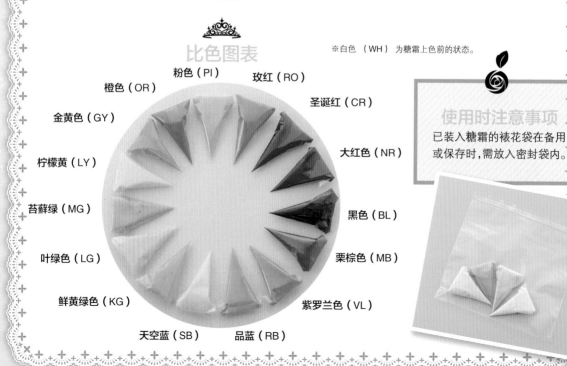

橙色（OR）
粉色（PI）
玫红（RO）
金黄色（GY）
圣诞红（CR）
柠檬黄（LY）
大红色（NR）
苔藓绿（MG）
叶绿色（LG）
黑色（BL）
栗棕色（MB）
鲜黄绿色（KG）
紫罗兰色（VL）
天空蓝（SB）
品蓝（RB）

使用时注意事项

已装入糖霜的裱花袋在备用或保存时,需放入密封袋内。

如何将糖霜装入
裱花袋

中等硬度的糖霜

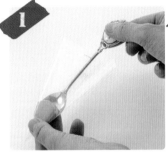

用勺子舀取糖霜，尽量放入裱花袋的底部。

用手指轻压勺子，便可轻松将其抽出。

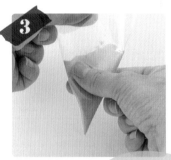

用手指将糖霜捋到裱花袋尖端。

> 为了便于操作，需将多余部分卷紧。
>
> **Point**

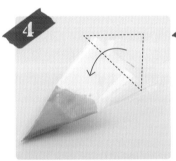

将订书器固定的多余部分向内回折。

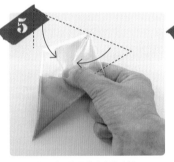

再将左右两端向裱花袋中线处对折。

向内卷起折叠部分后，用透明胶带固定即可。

> **Point**
>
> 这里分别使用透明胶带与彩色胶带固定裱花袋，是为了易于区别"中等硬度糖霜"与"软糖霜"。

软糖霜

将裱花袋立于杯中，然后将糖霜倒入裱花袋中。

为防止量多溢出，糖霜量达裱花袋一半处即可。

折叠操作同上，最后用彩色胶带固定即可。

挤压糖霜的方法 基本篇

如何拿裱花袋

正确方式
压住裱花袋折叠部分的中央区域来挤压糖霜。

错误方式
手压着裱花袋的中部无法挤压出均匀线条。

画直线

Point 挤压时需保持用力均匀，以防糖霜突然断掉。

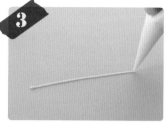

将裱花袋的尖端轻贴在曲奇表面，然后开始挤压。

开始后可适当上提裱花袋，并慢慢画出直线。

完成后可减轻力度，并将尖端轻压在曲奇上以切断线条。

画圆

Point 操作的同时，要估算出线条距曲奇边缘的距离。

挤出糖霜后，需上提裱花袋以绘出圆圈。

完成时需慢慢放低裱花袋，将多余糖霜放入圆圈内侧，最后用牙签去除即可。

画图案

曲线（花边）

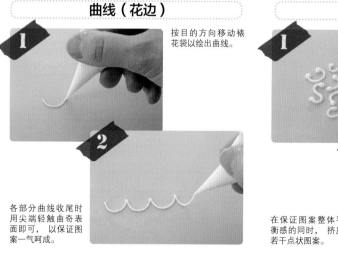

按目的方向移动裱花袋以绘出曲线。

各部分曲线收尾时用尖端轻触曲奇表面即可，以保证图案一气呵成。

CS花边

挤压出点状后直接绘出曲线，最后再用点状收尾。可随意设置CS图样的位置和角度。

在保证图案整体平衡感的同时，挤压若干点状图案。

点状

使裱花袋与曲奇表面呈90度，保持尖端不动，同时挤压糖霜。

减弱力度，使裱花袋呈"の"状轻绕几下，以切断糖霜。

如出现尖角，可用蘸水的小毛笔轻压即可。

水滴

使裱花袋与曲奇表面呈45º，然后开始挤压点状。

逐渐减轻力度的同时，让尖嘴在曲奇表面轻蹭一下，以切断糖霜。

软糖霜

涂抹

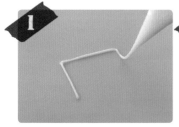

先用中等硬度的糖霜画出轮廓。

沿着图中指示方向，用软糖霜从一端向另一端迅速涂抹。

最后用牙签将角落及细微部分的空白修整均匀。

混合图案

先用中等硬度的糖霜画出轮廓，再用软糖霜涂抹均匀。在基底糖霜完全干燥前，用软糖霜画出图案。

如此一来，混合图案的表面不会凹凸不平，显得平滑而美观。

Point

一旦基底糖霜彻底干燥，会使花纹显得凹凸不平，所以准备工作一定要充分。

挤压糖霜的方法
实践篇

制作相邻的不同色块

先用中等硬度的糖霜画出各部分的轮廓。

用软糖霜涂抹非相邻区域。

待其彻底干燥后，再用软糖霜涂抹中间区域。

制作纳缝式图案

绘出轮廓后，先涂抹非相邻区域。

待其彻底干燥后，再涂抹剩余区域。

完成。

Point

可用牙签将糖霜均匀涂抹于各个角落。适当增加糖霜用量会使纳缝式图案显得更美观。

制作人物剪影

将相近尺寸的烘焙纸置于图片上，并用胶带固定。

用中等硬度的糖霜描出轮廓。

然后用软糖霜将图案涂匀，并在其干燥前点缀上其余组件。

待糖霜彻底干燥后，剥离烘焙纸。

将剪影放置于未彻底干燥的基底糖霜上。（如果将其固定于干燥的糖霜上，可用中等硬度糖霜黏合。）

大功告成。

利用金属卡口挤压糖霜

硬糖霜

＊道具＊

• 金属卡口（玫瑰金属卡口、星形金属卡口）
• 裱花袋
• 花托
• 刮板
• 刮刀

如何将硬糖霜装入裱花袋

1 剪掉裱花袋的尖角，安装金属卡口。

Point 安装金属卡口时，外露部分达1/3左右为最佳。

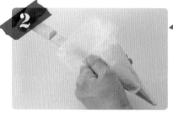

2 翻折裱花袋，用刮刀将糖霜尽量压入袋底，然后用手指压住刮刀将其拔出。

3 将翻折的裱花袋复原，用刮板将糖霜刮至底部。

挤压花样

无论制作何种花样，都需按顺时针方向挤压糖霜，同时逆时针旋转花托。

用101号玫瑰金属卡口制作5瓣花

1 在花托上挤压少量糖霜以粘贴烘焙纸。

2 使金属卡口的粗头贴近花托中心处，细头与花托表面呈30º夹角。

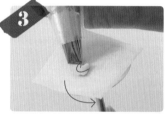

3 逆时针旋转花托的同时，用力挤压糖霜，并适当上下调整金属卡口的位置以压出一片花瓣。

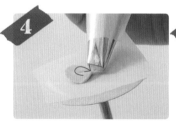

4 每做出一片花瓣后，都要沿着花托中心处切断糖霜。

5 做新花瓣时要将金属卡口插入前一片花瓣的下方，然后再开始挤压糖霜。

6 挤压最后一片花瓣时需稍微上提金属卡口，以免划伤第一片花瓣。

7 用蘸水的小毛笔将立起的花瓣抚平。

8 最后点缀上中等硬度糖霜做成的花蕊即完成。

绣球花

使用101号玫瑰金属卡口

将两种颜色的硬糖霜装入裱花袋中。

按照制作5瓣花的方法挤压4片花瓣，并使其外形匀称。

最后用中等硬度糖霜点缀上花蕊，即大功告成。

褶瓣花

使用101号玫瑰金属卡口

按照制作5瓣花的方法，上下轻微移动金属卡口，同时挤压出褶形花瓣。

操作时需使所有褶瓣的大小一致，以使其外观如同10~15片花瓣的花朵。

最后用小糖珠或银糖珠点缀中心处即可。

玫瑰花蕾

使用101号玫瑰金属卡口

将金属卡口的细头朝上，沿着中心处顺时针旋转一圈的同时挤压花蕊。

保持金属卡口细头朝上的同时，在花心周围挤压出一片花瓣并使之占据1/3周长。

然后用同样方法挤压第二片花瓣，操作时可与第一片花瓣略微重叠。

玫瑰花

使用101号玫瑰金属卡口

先用上述方法做出玫瑰花蕾，然后在花蕾周围挤压出第一片花瓣（总共挤压5片），并使之占据1/5周长。

操作时可使花瓣之间略微重叠。

挤压时需保证5片花瓣外形匀称。

旋转式花

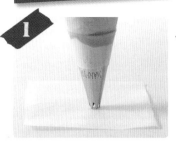 使用16号星形金属卡口 **1**	 **2**	 **3**

使金属卡口与操作面保持垂直，让卡口轻贴于表面即可。

沿顺时针方向缓慢旋转手腕的同时，挤压糖霜。

大功告成。

玫瑰

使用16号星形金属卡口 **1**  **2**  **3**

使金属卡口与操作面保持垂直，沿着从右到左的顺时针方向挤压糖霜。

旋转一周后，需在圆形内侧切断糖霜，以免产生尖角。

大功告成。

贝壳纹

使用16号星形金属卡口 **1**  **2**  **3**

使金属卡口与操作面之间保持略微倾斜的状态，然后开始挤压。

开始时可使糖霜量略多，之后慢慢减轻力度，最后轻蹭表面以切断糖霜。

挤压新贝壳时可与前一个贝壳略微重叠。

挤压糖霜的练习

<做花蕾>制作5瓣时，可在第一片花瓣的中心处，以从上至下覆盖的方式挤压第二片花瓣，如此一来就做成了花蕾。
<做叶子>将裱花袋的端口剪成V型，在保持45°倾角的状态下用力挤压糖霜。挤压的同时需前后移动裱花袋，最后逐渐减轻力度，由此便做出了叶子。

做好的花样需常温保存

彻底干燥的花样可用于制作糖霜曲奇、点缀蛋糕或方糖。保存时需与干燥剂一起放入密闭容器内，置于常温处即可。

糖坯的制作方法

何为"糖坯"

糖坯就是在糖粉的基础上，添加糖稀、果胶等食用材料而做出的一种可食用性粘土状物质。糖坯还可由糖坯粉和水直接调制而成，"威尔顿糖卷（Wilton roll fondant）"就是这种可以直接食用的糖坯。

上色方法

* 材料 *
- 威尔顿糖卷 （糖坯）
- 糖粉 （防止粘黏）
- 食用色素

糖粉也可以用玉米淀粉代替。

用刀割取所需糖坯的用量， 然后用手进行软化处理。

用牙签蘸取色素并加入糖坯中。

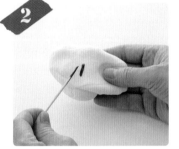

为防止色素沾到手上， 需用不断内折糖坯的方式将其揉匀。

充分揉匀糖坯以使其色度一致。 （如糖坯较黏， 可撒些糖粉。）

保存方法

先用保鲜膜包好，再包上锡箔纸，然后放入密封袋中保存。

用糖坯造型

* 材料 *

• 上色糖坯
• 杜松子酒（也可用白朗姆酒、伏特加等透明且酒精度数较高的酒）
• 糖粉（防止粘黏）

* 道具 *

• 小毛笔
• 糖粉
• 海绵垫   • 细纹垫
• 镊子   • 擀面杖
• 工艺棒   • 剪刀
• 模具   • 压模板
• 硅胶模具

模具的使用方法

糖坯较黏时，可给模具及糖坯上撒上糖粉，再用毛笔将多余糖粉扫净即可。

花形

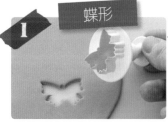

用擀面杖将糖坯擀成2mm的厚度。

用花形模具定型。

将定型好的糖坯放于海绵垫上，再用工艺棒轻压花蕊处以做出立体感。

蝶形

用弹压式蝶形模具在2mm厚的糖坯上扣取蝴蝶图样。

将锡箔纸拢成山形，再将蝴蝶图样放置其上。

图样干燥后，轻轻剥掉锡箔纸即可。

压模板

给纳缝纹压模版上撒些糖粉。

将压模版压在2mm厚的糖坯上。

操作时需保证糖坯上的花纹均匀一致，然后用曲奇模具定型。

用毛笔给定型好的糖坯背面薄刷上一层杜松子酒。

将糖坯粘在曲奇上。（糖坯大于曲奇时，可翻转曲奇，再用剪刀剪掉多余部分。）

最后用中等硬度糖霜点缀上银糖珠即可。

细纹垫

将3~4mm厚的糖坯放在撒有糖粉的细纹垫上，然后用擀面杖将其擀成2mm厚。

缓慢从细纹垫上剥离糖坯。

用曲奇模具定型后，再用杜松子酒将糖坯粘在曲奇上。

硅胶模具

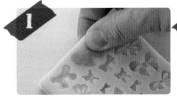

按模具大小切取糖坯并搓圆，然后将其放入撒有糖粉的硅胶模具中。

反向弯曲模具，即可取出已定型的糖坯。难以取出时，可用镊子从边缘处剥离。

最后，用中等硬度糖霜将定型好的糖坯粘在糖霜曲奇上即可。

做饰带

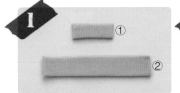

将2mm厚的糖坯切成条状。（①1cm×2cm ②1.5cm×8cm）

用剪刀将较长的条状糖坯的两端剪成三角形。

向中心处回折两端，操作时需使造型饱满一些。

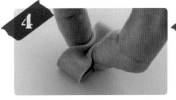

翻转折叠的糖坯，用手指将中心处捏成凹槽。

再将较短的条状糖坯缠在凹槽处。

最后，用小毛笔给短条状糖坯的接头处刷上杜松子酒并粘贴紧实。

大功告成。

做褶边

将2mm厚的糖坯切成1cm宽的条状。

将条状糖坯放在海绵垫上，然后用工艺棒压抻边缘处。

操作时切勿使邻近的花纹重叠，需空出些许间隙。

翻糖蕾丝的制作方法

＊ 材料 ＊
• 翻糖蕾丝垫 （大） 1张
• 翻糖蕾丝专用混合粉 30g
• 滚开水 1大勺

何为"翻糖蕾丝"

翻糖蕾丝起源于美国，是用专用混合粉与硅胶垫制作的一种砂糖蕾丝花边。它除了应用于糖霜曲奇外，还可用于蛋糕或浮于红褐色基底中，显得既高雅又富有情趣。

制作蕾丝

将材料放入盆中，用搅拌器搅拌3~4分钟以充分混匀成面团。如需上色，可在此时加入色素。

当面团表面显得较为光滑时，覆盖保鲜膜后放置一晚。

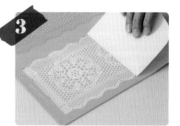

次日，用刮板将面团拓印在翻糖蕾丝垫上，操作时需仔细且铺展到位。

用湿纸巾擦去多余部分。

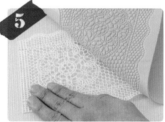

当材料充分定型后，翻转硅胶垫，并慢慢剥离翻糖蕾丝。

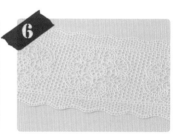

大功告成。

翻糖蕾丝的使用方法

可用杜松子酒将其粘在表面干燥的糖霜曲奇上。

也可用杜松子酒将其粘在糖坯上。

保存方法
需用保鲜膜包好后放入密闭容器中保存，切勿风干。

模板垫的使用方法

用于糖霜曲奇

所用糖霜的硬度需比中等硬度略软，即能产生尖角的糖霜。将模板垫盖在曲奇上，用手固定的同时涂抹糖霜。

然后轻轻剥离模板垫。

完成。

用于糖坯

按同上方法，将模板垫盖在糖坯上。

用手固定模板垫的同时，涂抹糖霜。

轻轻剥离模板垫。

完成。

制作彩糖

将砂糖和食用色素放入透明容器中，然后用力摇动容器。

完成。

点缀饰物组件

* 待糖霜表面干燥后，可挤上少许中等硬度糖霜以粘贴饰物。

* 如果用软糖霜涂抹曲奇，需在其干燥前放上饰物。

彩糖的使用方法

* 可用勺子将彩糖撒在未彻底干燥的软糖霜表面，待其充分干燥后，用小毛笔扫掉多余糖粒即可。

* 对于中等硬度糖霜绘制的图案，需在其彻底干燥前撒上彩糖。

糖霜曲奇相关
问题的解答

Q 为何烤好的曲奇表面会凹凸不平?

A 做面坯时需充分揉面至光滑状态,定型后的剩余面坯在再次使用前也需充分揉匀。

Q 为何糖霜线条会中途断掉?

A 由于移动裱花袋的速度过快,或是糖霜太硬。

Q 为何糖霜线条会呈波浪状?

A 由于挤压糖霜的力度过大,或是由于移动裱花袋的速度过慢。

Q 为何涂抹的糖霜表面会产生气泡?

A 由于打发软糖霜时混入了空气,所以操作时应尽量避免混入空气。如果在糖霜干燥前发现气泡,可用尖物戳破。

Q 为何涂抹的糖霜会出现凹陷?

A 由于糖霜太软,以致操作时混入了空气。操作时需选用偏硬的糖霜,让裱花袋端口贴近曲奇表面来操作。

Q 为何软糖霜图案无法附着在基底糖霜上?

A 一旦基底糖霜完全干燥后,软糖霜就无法附着于基底。所以涂抹完基底糖霜后,需尽快在表面绘出图案。另外,如果糖霜太硬也不易于附着基底,所以需适时调整糖霜硬度。

Q 为何裱花袋的端口会中途堵住以致无法挤出糖霜?

A 如果糖霜打发不充分,就会堵塞裱花袋的端口。另外,不用时需在裱花袋端口下方垫一块湿毛巾。当端口堵住时,将糖霜转移至另一裱花袋中即可。

练习图板

请将此页复印后，放入透明文件夹中进行裱花练习。

点状

垂直挤压糖霜，最后画"の"形收尾。如出现尖角，可用蘸水的毛笔轻压。

直线

画直线时需平稳上提裱花袋，仅在开始挤压时和结束时，才让裱花袋端口接触基底。

曲线

让裱花袋在每段曲线的收尾处轻触基底，需一气呵成。

圆形·心形

画圆形时需上提裱花袋，就像把糖霜放在线条上一样来操作。画心形时，仅需在凹陷的开始处和收尾处让裱花袋轻触基底，如此便可绘出轮廓清晰的心形。

CS花边

挤压点状并顺势绘出C、S，最后再用点状收尾。操作时，需使C、S分布均匀，并挤压点状点缀其间。

水滴

挤压糖霜时，使裱花袋与基底呈45º夹角，逐渐减轻力度，最后轻蹭表面以切断糖霜。

心形

挤压两个倾斜状的水滴，即可做出心形。

春日风情

A

F

B

C

G

E

D

Ⓐ 帽子

［材料］
帽子形曲奇、糖坯、银糖珠

［糖霜］
轮廓：●LY/中等
涂抹：●LY/软
飘带：●SB，●WH/软
花边、图案：●LY/中等

Mignon

1 在曲奇基底上绘出轮廓后涂抹糖霜，干燥前用软糖霜画出飘带。

2 在飘带干燥前，点缀上用模具做出的小花糖坯。

3 待表面干燥后，用中等硬度糖霜绘出花边、点状及花形图案。

Ⓑ 条纹连衣裙

［材料］
连衣裙形曲奇、糖坯、银糖珠

［糖霜］
轮廓：●SB/中等
涂抹：●SB/软
飘带：●LY，●WH/软
花边：●SB/中等
点状：●WH/中等

Mignon

1 在基底上绘出各部分轮廓。

2 先涂抹袖子部分的糖霜，待其干燥后再涂抹裙子。在裙子部分的糖霜干燥前，用软糖霜绘出条纹。

3 待表面干燥后，用中等硬度糖霜绘出花边及点状，最后点缀上小花糖坯即可。

Ⓒ 花篮

［材料］
圆形曲奇、糖坯、银糖珠

［糖霜］
轮廓：●LY/中等
涂抹：●LY/软
编织图案、点状：●LY/中等

井上理绘

1 给篮身部分涂抹糖霜，再以点状绘出手柄。

2 待表面干燥后，用中等硬度糖霜绘出纵横相交的线条以构成编织图案。

3 在表面挤压少许中等硬度糖霜，用以粘贴小花糖坯及银糖珠。

Ⓓ 女士手包

［材料］
长条形曲奇、杜松子酒、银糖珠、糖坯

［糖霜］
粘贴用糖霜/●PI＋●LY

［糖坯］
手包：●PI＋●LY

桥本清美

1 给糖坯做出褶边（P22），然后根据曲奇大小裁剪成相应尺寸。

2 按照由外到内的顺序用杜松子酒粘贴糖坯，并在中心处粘一块长方形糖坯，最后用中等硬度糖霜粘上银糖珠即可。

Ⓔ 女士坡跟浅口鞋

［材料］
鞋形曲奇、银糖珠大小

［糖霜］
鞋帮轮廓：●PI＋●LY/中等
涂抹：●PI＋●LY/软
鞋跟轮廓、图案：●MB＋●LY/中等
涂抹：●MB＋●LY/软

高桥悦子

1 在基底上绘出各部分轮廓，间隔时间分别涂抹糖霜。

2 待表面干燥后，用中等硬度糖霜在鞋跟部绘出两个水滴组成的心形图案。

3 用少许中等硬度糖霜粘贴大小银糖珠后即完成。

Ⓕ 有领连衣裙

［材料］
连衣裙形曲奇

［糖霜］
轮廓：
●WH，●PI＋●OR，
●LY/中等
涂抹：
●WH，●PI＋●OR，
●LY/软
花边、图案：
●WH/中等

樱树干未纱子

1 在基底上绘出各部分轮廓，间隔时间分别涂抹糖霜。

2 待表面干燥后，用中等硬度糖霜绘出花边及图案，并在领口处绘出圆形轮廓，最后涂抹上软糖霜。

Ⓖ 女士缎带浅口鞋

［材料］
造型曲奇、糖珠

［糖霜］
轮廓：
●PI＋●OR/中等
涂抹：
●PI＋●OR/软

樱树干未纱子

1 用中等硬度糖霜绘出轮廓。

2 间隔时间分别涂抹糖霜。在其干燥前点缀上糖珠即完成。

Happy Egg

Easter

Ⓐ 复活节彩蛋　黄色

崛志穗

材料
蛋形曲奇、彩色糖珠

糖霜
轮廓：●LY + ●
MB/中等
涂抹：●LY + ●
MB/软
文字：●WH/中等

在基底上绘出轮廓后，涂抹糖霜，干燥前装饰上彩色糖珠。

待表面干燥后，用中等硬度糖霜写上文字。

Ⓑ 复活节彩蛋　粉色

崛志穗

材料
造型曲奇

糖霜
轮廓：●PI +
●MB/中等
涂抹：●PI +
●MB/软
钩针图样：
●WH/中等
点状：●SB + ●MB，
●LY + ●MB，●PI +
●MB/中等

在基底上绘出轮廓后，涂抹糖霜，待其干燥后用中等硬度糖霜绘出网格图案。

用中等硬度糖霜在网格的适当位置做出点状（钩针图样）。

Ⓒ 兔子、雏鸡

杉本智子

材料
造型曲奇、彩糖、银糖珠、糖组件（花）、糖坯（花）

糖霜
• 兔子
轮廓：●WH/中等
涂抹：●WH/软
糖坯●PI
• 雏鸡
轮廓：●LY/中等
涂抹：●LY/软

在基底上绘出轮廓后，涂抹糖霜，干燥前撒上彩糖。

挤压少许中等硬度糖霜以粘贴糖组件（制作兔子同上）。

Ⓓ 蝴蝶糖坯

松本绫香

材料
糖坯、杜松子酒

糖霜
蝴蝶：●PI，
●GY + ●LY
食用色素图案：
●OR，●GY，
●LY + ●OR

用模具在上色糖坯上扣出蝴蝶形，并将其放在折成山形的锡箔纸上晾干（P21）。

待其完全干燥后，用蘸有少量杜松子酒的毛笔蘸取用食用色素给蝴蝶绘出图案，最后用中等硬度糖霜将其粘在郁金香上即可。

Ⓔ 郁金香

松本绫香

材料
造型曲奇、糖坯

糖霜
• 花　轮廓：●LY，●PI/中等
涂抹：●LY，●PI/软
• 树叶　轮廓：●KG + ●LY + ●LG，
●KG + ●LY/中等
涂抹：●KG + ●LY + ●LG，●KG + ●LY/软
糖坯
土台：●KG + ●LY

先用细纹垫给糖坯做出花纹（P22），然后用圆形模具定型糖坯，再用杜松子酒将其粘在曲奇上。随后用工艺棒在基台中心处做出凹陷。

绘出郁金香各部分的轮廓后，间隔时间分别涂抹糖霜，并使其充分干燥。

在基台的凹陷处挤压足够多的中等硬度糖霜，用以固定郁金香。

Ⓕ 蝴蝶曲奇

西冈麻子

材料
造型曲奇

糖霜
• 躯干
轮廓：●WH/中等
涂抹：●WH/软
• 翅膀
轮廓：●WH/中等
涂抹、图案：●LY + ●MB，●PI + ●CR，
●VL，●LG，●WH/软

将曲奇面坯擀成3mm厚，然后将定型好的面坯切成3部分再烘烤。

在翅膀处涂抹的糖霜干燥前，用软糖霜绘出点状图案，然后在点状的中心处再绘出点状。同时，给躯干部分绘出轮廓，并涂抹糖霜。

在躯干侧面挤上中等硬度糖霜以粘贴翅膀，晾干时需在蝴蝶下方垫上窝折的锡箔纸，以使成品造型更具立体感。

Ⓖ 四叶草

西冈麻子

材料
造型曲奇、糖坯、银糖珠

糖霜
轮廓：●LG，●GY/中等
涂抹：●LG，●GY/软
图案：●WH/软

用糖霜在曲奇中心处做个记号，然后由中心向外绘出4个心形轮廓。

依次用糖霜涂抹各部分，在其干燥前用软糖霜绘出M字样，再用牙签沿着由外向内的方向进一步美化字体轮廓，使其更醒目。

在茎上绘出圆形轮廓后，涂抹软糖霜。如果圆形过小，可直接涂抹软糖霜。最后在叶子上点缀一个糖组件即完成。

Hinamatsuri
女孩节

32

A 天皇&皇后

【材料】
草莓味心形曲奇、抹茶味曲奇（p8）、彩色糖珠、糖坯

杉本智子

【糖霜】
• 天皇
轮廓：●SB/中等
涂抹：●SB/软
点状：●VL、●WH/软
襟：●VL/软、●WH、●LG/中等

• 皇后
轮廓：●PI/中等
涂抹：●PI/软
点状：●PI/软
襟：●PI/软、●WH、●LG/中等

【糖坯】
天皇：●RB、●VL
皇后：●LY、●PI

1 在基底上绘出轮廓后涂抹糖霜，干燥前用软糖霜绘出两色点状图案。

2 待其表面干燥后，用软糖霜绘出衣领。

3 再用中等硬度糖霜绘出衣领上的图案。

4 将两块定型好的上色糖坯重叠起来，用中等硬度糖霜粘上银糖珠，将其固定在曲奇上即可。

B 纸罩烛灯

【材料】
草莓味台灯形曲奇（p8）

杉本智子

【糖霜】
轮廓：●WH/中等
涂抹：●WH/软
图案：●PI、●LY/软
灯台：●OR + ●PI/略软于中等
灯罩框：●OR + ●PI/中等

1 在涂抹的糖霜干燥前，用软糖霜绘出点状花样图案。

2 用略软于中等硬度的糖霜绘出烛灯的灯台部分。

3 用中等硬度糖霜绘出灯罩框，最后点缀上银糖珠即可。

C 菱饼

【材料】
草莓味曲奇、抹茶味曲奇（p8）、银糖珠

上田浩美

【糖霜】
挤压：●WH/硬

【糖坯】
小花：●PI、●WH

1 用星形金属卡口的裱花袋在抹茶味曲奇上挤压一圈糖霜，然后叠放上草莓味曲奇。

2 挤压少量中等硬度糖霜，用以粘贴糖坯小花。

D 桃花

【材料】
草莓味桃花形曲奇、抹茶味曲奇（p8）、银糖珠

上田浩美

【糖霜】
挤压：●WH/硬

1 在曲奇上挤压一朵旋转式小花（P19），然后点缀上银糖珠。

Column 糖霜曲奇的包装方法

晾干糖霜曲奇不仅要让表面干燥，还要确保曲奇内部也充分干燥（最少需晾干1~2天）。
然后将其装入干燥的透明密封袋中，并放入干燥剂，如此可保存1周左右。
如要把若干份曲奇作为礼物赠送他人，需在装箱时小心操作，以免压碎曲奇。
相信对方收到这份独一无二的手工曲奇时，定会欣喜不已。

Ⓐ 围裙连衫裙

池田麻希子

材料
连衣裙形曲奇、闪粉（食用）、
饰带（非食用）

糖霜
轮廓：●PI+●LY/中等
涂抹：●PI+●LY/软
大理石花纹：●WH/软
图案：●WH/中等

 1

在基底上绘出各部分轮廓后，给
裙子部分涂抹糖霜。在其干燥
前，用软糖霜绘出大理石花纹。

 2

待表面干燥后，给围裙部分涂
抹糖霜，并用中等硬度糖霜绘
出图案。

 3

用干毛笔刷上闪粉，再用中等硬
度糖霜粘贴饰带和银糖珠。

Ⓑ 康乃馨图板

池田麻希子

材料
圆形曲奇、糖坯、杜松子酒

糖霜
轮廓：●PI+●LE/中等
涂抹：●PI+●LE/软
康乃馨花茎：●KG/中等
饰带：●WH/中等

糖坯
康乃馨/●CR、●WH

 1

用圆形模具定型糖坯（红、白
色各2块），用工艺棒给圆形糖
坯做出褶边。同时，用模具做
出小鸟形糖坯。

 2

对折圆形糖坯并将其修整成花
形。红、白花并摆时，需把
红花做得稍大一些。

 3

在基底上绘出轮廓后涂抹糖霜，
用杜松子酒将糖坯粘在表面，
最后用中等硬度糖霜绘出花茎
即可。

Ⓒ 雏菊图板

池田麻希子

材料
造型曲奇、彩糖（黄色）、糖坯

糖霜
轮廓：●KG/中等
涂抹：●KG/软
点状：●PI+●LE/软

 1

在基底上绘出轮廓后涂抹糖霜，
在干燥前绘出点状图案。

 2

用模具定型糖坯做出小花，在
花瓣上由外向内画线，再将两
片花重叠在一起。

 3

在花心处挤压少许中等硬度糖霜以
粘贴彩糖，最后用中等硬度糖霜绘
在图板上写上文字即大功告成。

Ⓓ 连指手套

池田麻希子

材料
手套型曲奇、饰带（非食用）

糖霜
轮廓：●WH/中等
涂抹：●WH/软
图案：●WH/中等

 1

在基底上绘出轮
廓后涂抹糖霜，
待其干燥后用中
等硬度糖霜绘出
图案，再粘上
饰带即可。

Ⓔ 心形曲奇

坂根初音

材料
心形曲奇、糖坯

糖霜
• 心形　轮廓：●PI/中等
　　　　涂抹：●PI/软
　　　　点状：●WH/中等
• 字母　轮廓：●WH/中等
　　　　涂抹：●WH/软
糖坯
雏菊：●LY、●WH

 1

在字母曲奇上绘出轮廓并涂抹糖
霜。用花形模具定型糖坯，并
在中心处粘上圆形花心。

 2

在心形曲奇上涂抹糖霜，用中等
硬度糖霜在周围做出点状图案。

 3

带心形曲奇干燥后，用中等硬
度糖霜粘贴上步骤1的字母曲奇
和雏菊。

Ⓕ 康乃馨曲奇棒

井上理绘

材料
圆形曲奇、纸棒（棒棒糖用）、
饰带（非食用）、杜松子酒

糖霜
• 圆形
轮廓：●PI+●OR、●LY、●SB/中等
涂抹：●PI+●OR、●LY、●SB/软
周围的花边：●WH/中等
• 花萼
花萼、花边：●RB+●KG/中等
涂抹：●RB+●KG/软

糖坯
●CR+●PI+●OR

 1

 2

将曲奇面坯擀成
3mm厚后用模
具定型，烘烤
时需用2块圆形
面坯夹住纸棒。
然后，给3块曲
奇分别涂上不同
颜色的糖霜。

给糖坯做褶边
（P21），每间隔
5mm窝一个褶。

 3

用剪刀剪掉多余
部分。

4

窝折褶边，并
用杜松子酒将其
粘在曲奇上。
涂抹花萼处的糖
霜，最后用中
等硬度糖霜绘出
花边即可。

Summer
Fashion

夏日风情

A 比基尼

小松爱

【材料】
造型曲奇、糖坯、饰带（非食用）、杜松子酒

【糖霜】
心形：●VL/中等
・比基尼裤 轮廓：○WH/中等
涂抹：○WH/软
图案：●LY,●VL/软

【糖坯】
褶边：●VL

1 在基底上绘出比基尼裤的轮廓并涂抹糖霜，在干燥前用软糖霜绘出横线，再用牙签从上至下拉伸成花纹。

2 给呈渐变色的糖坯做褶边（P21），待比基尼裤的糖霜干燥后，用杜松子酒将褶边粘上去。粘贴抹胸的褶边时按照由下至上的顺序。

3 用中等硬度糖霜粘贴饰带，再用该糖霜在抹胸的肩带部位挤压出2个水滴组成的心形图案。

B 沙滩鞋

小松爱

【材料】
心形曲奇

【糖霜】
轮廓：●LG/中等
涂抹：●LG/软
点状：○WH/软
固定带：●RO/中等
花：○WH,●LY/中等

1 在基底上绘出轮廓后涂抹糖霜，在干燥前用软糖霜绘出图案。

2 待表面干燥后，用中等硬度糖霜绘出固定带以及花纹。

C 船锚

桥本清美

【材料】
曲奇、糖坯

【糖霜】
轮廓：○WH/中等
涂抹：○WH/软

【糖坯】
绳索：●PI,●SB

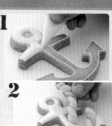

1 在基底上绘出轮廓后涂抹糖霜。

2 将4cm长的双色条状糖坯拧成麻花形以作为绳索。在锚上挤压适量中等硬度糖霜以粘贴绳索，同时需注意整体的平衡感。

D 椰子树

Mignon

【材料】
造型曲奇

【糖霜】
・树叶 轮廓：●LG/中等
涂抹：●LG/软
心形：○WH/软
・树干 轮廓：●MB/中等
涂抹：●MB/软
条纹：●LY/软

1 在基底上绘出轮廓后，先涂抹树干部的糖霜，在干燥前用软糖霜绘出条纹。

2 涂抹树叶部的糖霜，在干燥前用软糖霜绘出点状，并用牙签由上至下拉伸成心形图案。

E 海魂连衣裙

杉本智子

【材料】
连衣裙形曲奇、糖坯、银糖珠
轮廓：○WH/中等
涂抹：○WH/软
条纹：●SB＋●VL,●RO＋●CR/软

【糖坯】
饰带：○WH,●SB＋●LG

1 在基底上绘出4块区域的轮廓。

2 间隔时间分别给各部分涂抹糖霜，在其干燥前用软糖霜绘出线条。

3 将细条状糖坯放在蓝色糖坯上来回捻几下以使其颜色充分融合，然后修剪糖坯做成饰带（P22），最后将其粘到裙子上即可。

F 草帽

盐泽千惠子

【材料】
圆形曲奇、饰带（非食用）

【糖霜】
轮廓：●MB＋●GY/中等
涂抹：●MB＋●GY/软
图案：●MB＋●GY/中等

1 在圆形曲奇（大）的中心处挤压少许中等硬度糖霜，用以粘贴另一块圆形曲奇（小）。

2 在大圆形曲奇上绘出轮廓，然后从小圆形曲奇上方流淌挤压足量的软糖霜以充分覆盖表面。

3 待表面干燥后，用中等硬度糖霜在帽檐处绘出由2个水滴组成的心形图案，最后粘上饰带即完成。

G 向日葵

松本绫奇

【材料】
圆形曲奇、糖坯、杜松子酒

【糖霜】
花瓣：●GY,●GY＋●LY/硬

【糖坯】
树叶：●KG＋●LG
种子：●MB

1 用V形端口的裱花袋按照由外至内的顺序在曲奇上做出双层花瓣（P19）。

2 用细纹垫定型糖坯以做成种盘状（P22），再用剪刀将其剪成圆形并用杜松子酒粘在曲奇上。

3 把糖坯捏成水滴状，再擀成2mm厚以做成叶片，最后用牙签刻出叶脉即可。

Children's Day

儿童节

Ⓐ 鲤鱼旗

池田麻希子

[材料]
造型曲奇、 杜松子酒

[糖霜]
• 灰色（黑鲤鱼旗）
轮廓：●BL/中等
涂抹：○WH,●BL/软
图案：○WH/中等
点状：●BL/中等

• 粉色（红鲤鱼旗）
轮廓：●PI＋○LY＋●BL/中等
涂抹：●PI＋○LY＋●BL,○WH/软
图案：○WH/中等
点状：●PI＋○LY＋●BL/中等

• 飘带
轮廓：○WH,○LY,●RB＋●MB,●PI＋
LY＋●MB/中等
涂抹：○WH,○LY,●RB＋●MB,●PI＋○
LY＋●MB/软

1 在基底上绘出黑鲤鱼旗、 红鲤鱼旗的各部分轮廓。

2 涂抹白色糖霜，在干燥前涂抹灰色（粉色）糖霜以使两种颜色无明显的界限感。

3 用牙签将两种颜色糖霜的边界处线条做柔化处理。

4 用白色的中等硬度糖霜绘出鱼鳞纹，再用蘸有杜松子酒的毛笔对花纹做模糊处理以营造透明感。

5 先用不同颜色的糖霜绘出飘带的轮廓，然后先涂抹两端飘带的糖霜，间隔一段时间后再涂抹中间飘带的糖霜。

Ⓑ 气球

池田麻希子

[材料]
气球形曲奇、 麻绳 （非食用）

[糖霜]
轮廓：●RB＋●BL,●MB/中等
涂抹：●RB＋●BL,●MB/软
饰带：●CR/中等

1 在基底上绘出各部分轮廓，然后间隔时间分别涂抹糖霜。

2 待表面干燥后绘出饰带。再用中等硬度糖霜粘上麻绳。

Ⓒ 小狗

池田麻希子

[材料]
造型曲奇、 糖坯、
杜松子酒

[糖霜]
• 小狗
轮廓：●MB/中等
涂抹：●MB/软
斑点图案：黑可可/软
项圈：●CR/中等

• 头盔
[糖霜]
图案：●SB/中等
[糖坯]
●SB

1 在基底上绘出轮廓后涂抹糖霜，待其干燥前用软糖霜绘出斑点。

2 用糖霜在2mm厚的三角形糖坯上绘出图案，再用杜松子酒粘上小三角形糖坯。

3 最后用中等硬度糖霜把头盔粘在小狗的头部即可。

Ⓓ 小羊

池田麻希子

[材料]
造型曲奇

[糖霜]
轮廓：○WH/中等硬度
涂抹：○WH/软
饰带：●CR/中等硬度
脸部：黑可可/中等硬度

1 在基底上绘出轮廓后涂抹糖霜，待其表面干燥后，用中等硬度糖霜绘出脸部和饰带。

Column 简易糖霜曲奇

制作糖霜曲奇时，如果觉得现烤曲奇较为麻烦可选用市场上出售的产品，同样能做出漂亮的作品。

如能巧用奥利奥、玛丽饼干、动物饼干、马卡龙以及糖稀、方糖等常见食材，就会轻松做出人见人爱的糖霜曲奇。

Father's Day

父亲节

Ⓐ 领带

井上理绘

【材料】
黑可可造型曲奇（p8）

【糖霜】
轮廓：●WH/中等
涂抹：●VL、●WH/软
图案：●VL/中等

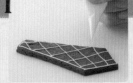

1 在打结处和领体的基底上分别绘出菱形块。

2 先涂抹紫色糖霜，在表面干燥前涂抹白色糖霜。

3 用中等硬度糖霜绘出花纹，再用该糖霜将打结部分粘在带体上。

Ⓑ 手表

井上理绘

【材料】
黑可可造型曲奇 （p8）

【糖霜】
轮廓：●WH，（褐色）可可粉，（深褐色）黑可可粉/中等
涂抹：●WH，（褐色）可可粉，（深褐色）黑可可粉/软
心形图案：●WH/软
表盘：黑可可粉/中等
表带针脚：●WH/中等

1 分别在表盘、表带的基底上绘出轮廓，然后在表盘中心处及表带上涂抹糖霜。

2 待表盘中心的糖霜干燥后，在表盘周围涂抹糖霜，在干燥前用软糖霜做出点状，再用牙签拉伸成心形图案。

3 给表盘绘出指针、数字，给表带绘出针脚，最后用中等硬度糖霜将表盘粘在表带上即完成。

Ⓒ 羽毛笔

井上理绘

【材料】
黑可可造型曲奇 （p8）、糖坯、银糖珠

【糖霜】
轮廓：●WH，（褐色）可可粉，（深褐色）黑可可粉/中等
涂抹：●WH，（褐色）可可粉，（深褐色）黑可可粉/软
羽毛图案：●VL＋●SB/软
笔尖图案：黑可可粉/中等
【糖坯】
●LY

1 在基底上绘出各部分轮廓，间隔时间分别涂抹糖霜。在羽毛部分的糖霜干燥前，用软糖霜绘出羽毛条纹。

2 绘出笔形图案，再用中等硬度糖霜粘上饰带及花形糖坯即可。

Ⓓ 信封

井上理绘

【材料】
黑可可造型曲奇 （p8）

【糖霜】
• 信封
轮廓：●WH/中等
涂抹：●WH/软
信封图案：●WH/中等
• 封蜡
轮廓：●VL＋●SB/中等
涂抹：●VL＋●SB/软

1 在基底上绘出轮廓后涂抹糖霜，待表面干燥后绘出信封花纹，然后在中心圆处涂抹糖霜。

2 在该圆形糖霜的外圈和里圈各画出一个圆，并在其间涂抹软糖霜。

Ⓔ 信

井上理绘

【材料】
黑可可造型曲奇 （p8）

【糖霜】
轮廓：●WH/中等
涂抹：●WH/软
图案：可可粉/中等
文字：黑可可粉/中等

1 在基底上涂抹糖霜，待其表面干燥后，绘出图案和文字。

Ⓕ 公文包

盐泽千惠子

【材料】
黑可可造型曲奇 （p8）

【糖霜】
轮廓：●MB＋●GY＋●BL/中等
涂抹：黑可可粉/软
针脚、纽扣：●MB＋●GY

1 给包身涂抹糖霜，待其表面干燥后，绘出包带、手柄处的轮廓，然后涂抹糖霜。

2 最后用中等硬度糖霜绘出针脚、纽扣即可。

Ⓐ 阳伞

【材料】
造型曲奇、弯钩（非食用）、饰带（非食用）

【糖霜】
轮廓：●BL,●LY + ●MB/中等
涂抹：●BL,●LY + ●MB/软
图案：●WH/中等

片岛裕奈

1 在基底上绘出各部分轮廓，然后先涂抹两端的糖霜，待其表面干燥后再涂抹中间部分的糖霜。

2 待表面干燥后，用中等硬度糖霜绘出图案。

Ⓑ 雨靴

【材料】
造型曲奇、银糖珠、糖坯

【糖霜】
轮廓：●BL,●LY + ●MB/中等
涂抹：●BL,●LY + ●MB/软
图案：●WH/中等

【糖坯】
●BL,●LY + ●MB

片岛裕奈

1 在基底上绘出各部分轮廓，然后先涂抹一侧的糖霜，待其表面干燥后再涂抹另一侧的糖霜。

2 待表面干燥后，用中等硬度糖霜绘出图案，最后粘上糖坯做的雨靴带和银糖珠。

Ⓒ 绣球花篮

【材料】
造型曲奇、杜松子酒、糖坯

【糖霜】
• 绣球花
绣球花：●SB + ●VL + ●MB（改变比例可做出3种颜色）/硬
花蕊：●MB + ●LY/中等
树叶：●LG/硬
• 篮子
【糖坯】
●LY + 黑可可

Koris Yamano

1 用细纹垫给上色糖坯做出花纹（P22）后，用剪刀修剪成形，再用杜松子酒将其粘在曲奇上。

2 用中等硬度糖霜将做好的绣球花（P18）粘在曲奇上，再用"V"形端口的裱花袋挤压出几片叶子（P19）。

Ⓓ 水滴

【材料】
造型曲奇

【糖霜】
轮廓：●WH/中等
涂抹：●WH,●SB + ●VL + ●MB（改变比例可做出3种颜色）/软
图案：●WH/中等

Koris Yamano

1 在基底上绘出轮廓后，涂抹混有3种颜色的糖霜，并用尖棒美化成大理石花纹。

2 待其表面干燥后，用中等硬度糖霜绘出花边。

Ⓔ 晴天娃娃

【材料】
造型曲奇、饰带（非食用）、糖坯

【糖霜】
轮廓：●WH/中等
涂抹：●WH/软
脸部图案：●RB/中等
绣球花：●VL,●SB/硬

井上理绘

1 在基底上涂抹糖霜，待表面干燥后，用中等硬度糖霜绘出脸部和图案。

2 最后用中等硬度糖霜粘上两种颜色的绣球花（P18）和饰带即完成。

Column 做出美味的糖霜曲奇

巧给糖霜调味能做出非常美味的糖霜曲奇。例如，加入一些草莓干粉（粉色）、抹茶粉（绿色）、柠檬汁（黄色）以及速溶咖啡（或茶）等，最后用色素调色即可。

这些糖霜曲奇不仅看起来赏心悦目，其味道也让人赞不绝口。

Autumn Fashion

秋日风情

Ⓐ 蕾丝上装

材料
T恤形曲奇、 糖坯、 翻糖蕾丝、
杜松子酒

糖坯
上装：●MB + ●LY
饰带、 领子、 袖子：黑可可

翻糖蕾丝
上装：●BL

烟千岁

 **1**

 **2**

 **3**

1 用杜松子酒将翻糖蕾丝（P23）粘在2mm厚的糖坯上。

2 按照曲奇的形状修剪糖坯， 再用杜松子酒将其粘在曲奇上。

3 用剪刀在糖坯上剪出衣领和袖子， 再用杜松子酒将饰带（P22）粘在衣领处即可完成。

Ⓑ 裙子

材料
短裙形曲奇、 糖坯

糖霜
轮廓：黑可可/中等
涂抹：黑可可/软

糖坯
褶边：黑可可

Mignon

 **1**

 **2**

1 在基底上绘出轮廓后涂抹糖霜， 同时给糖坯做褶边（P22）。

2 用中等硬度糖霜按照由下至上的顺序将褶边粘在曲奇上即可。

Ⓒ 女士浅口鞋

材料
造型曲奇、 糖坯

糖霜
• 鞋帮
轮廓：黑可可/中等
涂抹：黑可可/软
• 鞋尖
轮廓：●MB/中等
涂抹：●MB/软
长颈鹿花纹：黑可可/软
• 鞋跟　轮廓：●MB/中等
涂抹：●MB/软

糖坯
饰带：黑可可

Mignon

 **1**

 **2**

 **3**

1 在基底上绘出各部分的轮廓。

2 先涂抹鞋尖、 鞋跟部的糖霜， 在鞋尖的糖霜干燥前， 绘上长颈鹿花纹。 间隔一段时间后， 再涂抹鞋帮处的糖霜。

3 用糖坯做饰带（P22）， 然后用中等硬度糖霜将其粘在鞋上即可。

Ⓓ 长靴

材料
造型曲奇

糖霜
轮廓：●MB/中等
涂抹：●MB/软
表带针脚、 纽扣：●MB/中等

小山明子

 **1**

 **2**

1 在基底上绘出各部分轮廓后， 间隔时间分别涂抹糖霜。

2 待其表面干燥后， 绘出针脚和点状纽扣。

Ⓔ 女士手包

材料
造型曲奇

糖霜
轮廓：●MB/中等
涂抹：●MB/软
锯齿纹：●MB，黑可可/中等

Mignon

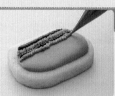 **1**

 **2**

1 在基底上绘出轮廓后涂抹糖霜， 待表面干燥后， 绘出黑、 褐色相间的锯齿纹。

2 最后用中等硬度糖霜粘上银糖珠即可。

Column　关于操作环境

制作糖霜及糖坯时， 要充分注意操作环境的卫生情况。可用喷雾酒精给双手及操作台消毒， 避免穿着易静电的服装，同时还要防止灰尘等污染环境。

Halloween

万圣节

Halloween

TRICK or TREAT

Ⓐ 双层蛋糕

材料　　　池田麻希子
蛋糕形可可曲奇 （p8）

糖霜
轮廓：●VL/中等
涂抹：●VL/软
蛛网：●WH/中等
花：●VL,●OR/硬
文字：黑可可/中等

1

在基底上绘出蛋糕的轮廓并涂抹糖霜，待表面干燥后，画上蛛网及文字。

2

最后用中等硬度糖霜粘上做好的小花（P17）即可。

Ⓑ 南瓜

材料　　　池田麻希子
南瓜形可可曲奇 （p8）、银糖珠

糖霜
轮廓：●OR/中等
涂抹：●OR/软
眼睛、领结：黑可可/中等
嘴：●CR/中等
树叶：●MG/中等
花：●SB/硬

1

将基底分成3部分来绘轮廓，先涂抹左右两部分的糖霜。

2

间隔一段时间后再涂抹中间部分的糖霜，待表面干燥后，绘出脸、叶子、领结，最后装饰上银糖珠和小花即完成。

Ⓒ 黑猫

材料　　　池田麻希子
造型可可曲奇 （p8）、银糖珠

糖霜
轮廓：黑可可/中等
涂抹：黑可可/软
饰带：●OR/中等

1

在基底上绘出轮廓后涂抹糖霜，待表面干燥后绘出饰带，再粘上银糖珠即可。

Ⓓ 小妖怪

材料　　　池田麻希子
造型可可曲奇 （p8）、糖组件、百力滋棒

糖霜
轮廓：●WH/中等
涂抹：●WH/软
脸部：黑可可/中等
舌头：●CR/中等
花：●VL/硬

1

在基底上涂抹糖霜，待表面干燥后绘出脸，再用中等硬度糖霜粘上星星。

2

用中等硬度糖霜将小花（P17）粘在百力滋棒上，然后将其粘在妖怪手持处即可。

Ⓔ 蝙蝠

材料　　　杉本智子
造型可可曲奇 （p8）、彩糖 （p24）

糖霜
轮廓：黑可可/中等
涂抹：黑可可/软
文字：●OR/中等
花：●VL,●OR/硬
美化轮廓：●VL,●OR/软

1

在基底上涂抹糖霜，待其彻底干燥后，用软糖霜描出轮廓。

2

在糖霜干燥前撒上彩糖，扫掉多余的糖粉，然后绘出文字，并粘上小花。

Ⓕ 幽灵城堡

材料　　　杉本智子
造型可可曲奇 （p8）、糖组件

糖霜
上部：黑可可/中等
砖墙：●OR/中等

1

用中等硬度糖霜绘出砖墙图案。

2

用黑色中等硬度糖霜绘出城堡上部的窗户等结构，然后再粘上糖组件即完成。

Autumn Forest

Ⓐ 松鼠

宮崎renaltuta

材料
造型曲奇、烤核桃、杏仁

糖霜
• 松鼠（黄）
轮廓：LY＋GY＋MB/中等
涂抹：LY＋GY＋MB/软
图案：WH/软
眼、鼻：黑可可/中等

• 松鼠（褐色）
轮廓：MB＋黑可可/中等
涂抹：MB＋黑可可/软
图案：WH/软
眼、鼻：黑可可/中等

1

在基底上涂抹糖霜，在干燥前绘出松鼠脸部和腹部的花纹，同时在尾部绘出点状图案，在干燥前用牙签由上至下拉伸成心形图案。

2

待表面干燥后，绘出眼睛和鼻子，再用中等硬度糖霜粘上坚果即可。

Ⓑ 树桩、小鸟

松本绫香

【材料】
造型曲奇

【糖霜】
- 树桩下部
轮廓：●MB＋黑可可/中等
涂抹：●MB＋黑可可/软
图案：●MB＋黑可可/中等
爬山虎：●LG＋●MB/中等
叶子：●LG＋●MB/硬
- 树桩上部
轮廓：●LY＋●MB/中等

涂抹：●LY＋●MB/软
图案：●MB/中等
- 小鸟
轮廓：●WH/中等
涂抹：●WH/软
图案：●MB/软
眼、鸟嘴：黑可可/中等

1 间隔时间给树桩各部分涂抹糖霜，待表面干燥后绘出年轮、树纹及爬山虎图案，并做出叶片（P17）。

2 在小鸟曲奇上涂抹糖霜，在干燥前绘上点状图案，再用牙签美化成翅膀状图案。

Ⓒ 枯叶　苹果&橡果

Koris Yamano

【材料】
造型可可曲奇（p7）、可可粉

【糖霜】
- 橡果果壳　轮廓：●MB/中等
涂抹：●MB/软
- 橡果果实　轮廓：●MB＋黑可可＋
●LY＋●CR/中等
涂抹：●MB＋黑可可＋●LY＋
●CR/软
图案：●MB/软
- 苹果　轮廓：黑可可＋●CR＋●LY/中等
涂抹：黑可可＋●CR＋●LY/软
图案：●WH/软
树叶：●LG＋●MB/中等

1 • 橡果
在基底上绘出橡果的轮廓后，先涂抹果壳部的糖霜，在干燥前用筛网撒上可可粉，待干燥后用毛笔扫掉多余的可可粉。然后用糖霜涂抹橡果果实部分。

2 • 苹果
分别涂抹苹果的糖霜，在干燥前绘上图案，并用牙签美化成大理石花纹。最后绘出苹果叶。

3 • 可可曲奇
用叶型模具定型曲奇面坯后，再用粗吸管扣掉几块边缘部面坯以做成虫洞，然后用小刀刻出叶脉后即可烘烤。最后用中等硬度糖霜将橡果和苹果粘在叶片上即完成。

Ⓓ 小鹿斑比

田泽智美

【材料】
造型曲奇

【糖霜】
- 斑比（黄）轮廓：●LY＋●MB＋●OR＋●CR/中等
涂抹：●LY＋●MB＋●OR＋●CR/软
耳、图案：●WH/软
嘴、尾巴：●WH/中等

眼、鼻：黑可可/中等
- 斑比（褐色）轮廓：●MB＋●OR＋●CR/中等
涂抹：●MB＋●OR＋●CR/软
耳、图案：●WH/软
嘴、尾巴：●WH/中等
眼、鼻：黑可可/中等

1 在基底上绘出轮廓后涂抹糖霜，在干燥前绘上耳朵和点状图案。

2 待表面干燥后，绘上尾巴和嘴（鼓起状），干燥后再绘上眼睛和鼻子。

Ⓔ 刺猬

杉本智子

【材料】
造型曲奇、碎巧克力、银糖珠、糖坯

【糖霜】
轮廓：●MB/中等
涂抹：●MB/软
眼：●WH,黑可可/中等

1 在基底上绘出各部分轮廓后，先涂抹脸部和脚部的糖霜，待其彻底干燥后再涂抹身体部分的糖霜，并在其干燥前撒上碎巧克力。

2 在碎巧克力的中心处挤压适量软糖霜，并再次撒上碎巧克力。然后给眼睛绘出亮光，贴上糖组件即完成。

Ⓕ 落叶

松本绫香

【糖坯】
银杏叶：●GY＋●MB
树叶：●NR＋●MB

1 • 银杏叶
用剪刀将2mm厚的糖坯剪成银杏叶形，并用牙签画出叶脉。

2 • 树叶
同样用剪刀将糖坯剪成叶形后画上叶脉，再用吸管做出虫洞即可。

Ⓖ 蘑菇、落叶

福井直子

【材料】
造型曲奇

【糖霜】
- 蘑菇上部
轮廓：●CR＋●MB/中等
涂抹：●CR＋●MB/软
- 蘑菇下部
轮廓：●MB/中等
涂抹：●MB/软

点状、图案：●WH/中等
- 落叶
轮廓：●CR＋●MB/中等
涂抹：●CR＋●MB,●OR＋●MB/软

1 • 蘑菇
在基底上绘出各部分轮廓后，间隔时间分别涂抹糖霜，待表面干燥后用中等硬度糖霜绘出点状图案。

2 • 落叶
在基底上绘出轮廓后，先涂抹非相邻部分的糖霜，间隔一段时间后再涂抹剩余部分。

Winter Fashion

冬日风情

Ⓐ 帽子

材料
帽子形曲奇、糖坯

糖霜
轮廓：●MB+●OR/中等
涂抹：●MB+●OR/软

糖坯
饰带：●MB

松本绫香

1 在基底上绘出轮廓后涂抹糖霜，待表面干燥后，用中等硬度糖霜粘上糖坯制成的饰带（P22）和帽带。

Ⓑ 毛衣

材料
衣服形曲奇、珍珠粉、糖珠

糖霜
轮廓：●PI+●MB/中等
涂抹：●PI+●MB/软
网眼、花边：●PI+●MB/中等

松本绫香

1 在基底上绘出各部分轮廓后，间隔时间分别涂抹糖霜，待表面干燥后用毛笔刷上珍珠粉。

2 绘出网眼及袖口花边，再用中等硬度糖霜粘上糖珠即可。

Ⓒ 羽绒服

材料
衣服形曲奇、糖珠、银糖珠

糖霜
轮廓：●MB+●GY/中等
涂抹：●MB+●GY/软

松本绫香

1 在基底上绘出各部分的轮廓。

2 间隔时间分别涂抹糖霜。

3 待表面干燥后，用中等硬度糖霜粘上糖珠，再在糖珠周围粘上银糖珠。

Ⓓ 粗花呢裙

材料
扇形曲奇

糖霜
轮廓：●WH//中等
涂抹：●WH/软
粗花呢：黑可可、黑可可+●MB/软
图案：黑可可/中等

松本绫香

1 将基底分成4部分后绘出轮廓。

2 间隔时间分别给各部分涂抹糖霜，在干燥前随意绘出纵横交错的粗花呢纹。

3 待表面干燥后，用中等硬度糖霜绘出图案。

Ⓔ 毛皮靴

材料
靴形曲奇、银糖珠

糖霜
• 靴体
轮廓：●MB/中等
涂抹：●MB/软
• 毛皮
轮廓：●WH/中等
涂抹：●WH/软
蓬松状：●WH/中等

松本绫香

1 在基底上绘出各部分轮廓，间隔时间分别涂抹糖霜，待表面干燥后，挤压中等硬度糖霜以做出毛皮的蓬松状。

2 在其干燥前，用牙签在糖霜上画圈以营造出毛皮动感，最后粘上银糖珠即可。

Ⓕ 毛皮女包

材料
手提包形曲奇、糖坯、银糖珠

糖霜
• 包体
轮廓：●MB/中等
涂抹：●MB/软
拎手：●MB/中等
• 毛皮
轮廓：●WH/中等
涂抹：●WH/软
蓬松状：●WH/中等

糖坯
饰带：●MB

松本绫香

1 按制作毛皮靴的方法绘出包体和毛皮部的轮廓，在手柄处做出锯齿纹，并在其干燥前粘上银糖珠。

2 用方形及圆形糖坯做出饰带，同时用牙签在圆形糖坯中心处做出凹陷。将饰带粘在毛皮处，再将银糖珠粘在糖坯凹陷处。

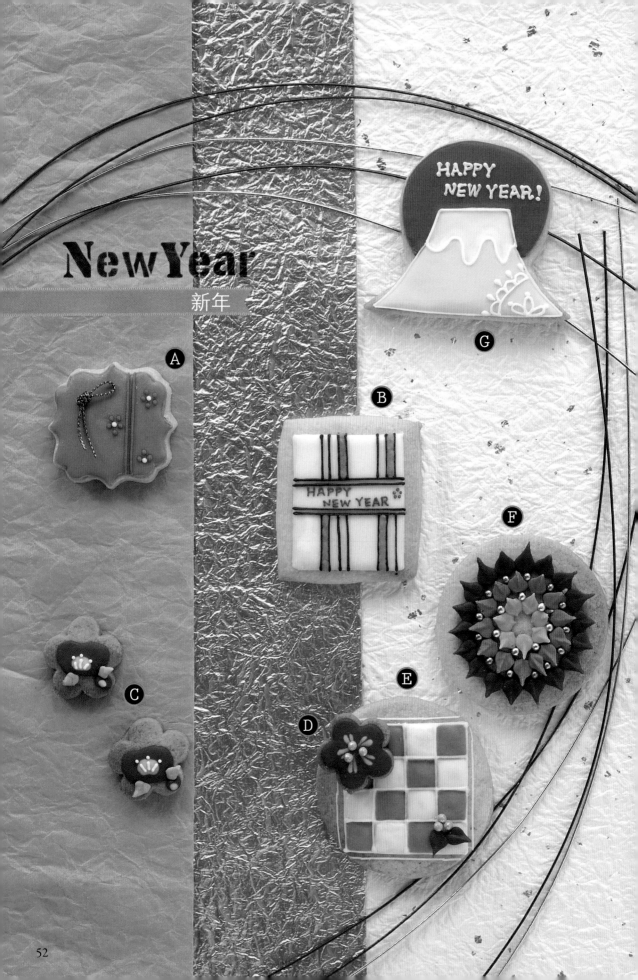

NewYear

新年

HAPPY NEW YEAR!

A

B

HAPPY NEW YEAR

C

D

E

F

G

Ⓐ 叠式图板

上田浩美

材料
造型曲奇、闪粉
（食用）

糖霜
轮廓：●VL/中等
涂抹：●VL/软
图案：●CR +
●BL,●WH/中等

1 在基底上绘出轮廓后涂抹糖霜，待其干燥后用干毛笔刷上闪粉。

2 绘出花朵及线条，再用中等硬度糖霜粘上礼品绳即可。

Ⓑ 和纹图板

上田浩美

材料
长方形曲奇

糖霜
轮廓：●WH
/中等
涂抹：●WH,
●VL/软
线条：●BL/中等
文字：●CR +●BL/
中等

1 在基底上绘出轮廓后涂抹糖霜，待其干燥后用中等硬度糖霜绘出线条。

2 在几处线条中涂抹紫色糖霜，再写上文字即可。

Ⓒ 茶花

上田浩美

材料
花形曲奇

糖霜
轮廓：●CR +●BL/中等
涂抹：●CR +●BL/软
中心：●WH/软
图案：●WH/中等
树叶：●MG/硬

1 在基底上绘出大小不同的椭圆轮廓，然后涂抹糖霜。

2 在其干燥前将适量白色软糖霜挤压在椭圆中心处，待表面干燥后绘出花心。

3 最后用V形端口的裱花袋做出叶子（P19）即完成。

Ⓓ 梅

上田浩美

材料
花形曲奇、银糖珠

糖霜
轮廓：●CR +●BL/中等
涂抹：●CR +●BL/软
心形：●WH/软

1 在曲奇上涂抹糖霜，在干燥前用软糖霜绘出点状，并用牙签将其拉伸成心形。

2 在表面干燥前点缀上银糖珠。

Ⓔ 格子图板

上田浩美

材料
圆形曲奇、银糖珠

糖霜
轮廓：●WH/中等
涂抹：●WH,●VL/软
线条：●WH/中等
树叶：●CR +●BL/硬

1 在基底上绘出4×4的格子轮廓。

2 然后在格子周围绘出4条直线，先涂抹一种颜色的糖霜，待其干燥后再涂抹另一颜色的糖霜，最后装饰上银糖珠和叶子（P19）即完成。

Ⓕ 花簪

上田浩美

材料
圆形曲奇、银糖珠

糖霜
树叶：●CR +●BL,●VL +●BL +●CR,
●VL/硬

1 用V形端口的裱花袋按由外至内的顺序在基底上做出一圈圈叶子（P19）。操作时可逐圈减弱挤压力度，以使外形更美观。

2 挤压3圈叶子后，用银糖珠装饰在各圈叶片之间。

Ⓖ 富士山

山田麻美子

材料
造型曲奇

糖霜
·日出
轮廓：●CR/中等
涂抹：●CR/软
·富士山
轮廓：●SB,●WH/中等
涂抹：●SB,●WH/软
花边、文字：●WH/中等

1 在基底上绘出各部分轮廓后，间隔时间分别涂抹糖霜。

2 待表面干燥后，用中等硬度糖霜勾出富士山部分。

3 最后用中等硬度糖霜绘出花边及文字即完成。

Valentine
情人节

Ⓐ 心形曲奇盒

西冈麻子

【材料】

心形可可曲奇

【糖霜】

轮廓：●MB＋●PI＋●CR/中等
涂抹：●MB＋●PI＋●CR/软
心形：●PI,●WH/软
文字、水滴：●WH/中等

1

2

3

准备两片大心形曲奇（盒盖、盒底），再用小一圈的心形模具在另一片心形曲奇上打孔以做成盒身，同时烘烤装于盒内的小型心形曲奇，并写上文字。

在盒盖基底边缘5mm以内的区域绘出轮廓后涂抹糖霜，同时给盒身涂抹糖霜，在干燥前绘出白、粉重叠的点状图案，再用牙签沿着中心处由上至下拉伸成心形。

在盒盖周围画出水滴图案，最后用中等硬度糖霜将各部分粘合成型即可。

Ⓑ 心形钩针图样

竹内RUMIKO

【材料】

心形曲奇

【糖霜】

钩针图样：●WH,●PI/中等硬度

1

2

在基底上绘出轮廓后，按照由中央至两端的顺序绘制网格图案，如此可防止线条歪斜。

在网格的适当位置挤压糖霜以组成文字及心形图案。

Ⓒ 闪亮爱心

Vanilla Café

【材料】

心形可可曲奇（P8）、彩糖

【糖霜】

轮廓：●WH,●PI/中等
涂抹：●WH,●PI/软
文字：●WH,●PI/中等

1

2

在基底上绘出轮廓后涂抹糖霜，待其彻底干燥后用软糖底涂抹边缘，再撒上彩糖。

用毛笔扫掉多余彩糖，最后用中等硬度糖霜写上文字即可。

Ⓓ 心形格子

津泽贵子

【材料】

心形曲奇、杜松子酒

【糖霜】

轮廓：●CR＋●BL/中等
涂抹：●WH/软
图案：●CR＋●BL/中等
文字：●SB/中等

【食用色素】

图案：●CR,●SB

1

2

在基底上绘出轮廓后涂抹糖霜，待其彻底干燥后，用毛笔蘸少量溶有食用色素的杜松子酒画出格子。操作时可将图样铺在曲奇下方，以便于操作。

待图案干燥后再写上文字，并在周围绘出两个水滴组成的心形图案。

Ⓔ 心形环

泽田裕美

【材料】

心形曲奇、糖坯、饰带（非食用）

【糖霜】

轮廓：●CR/中等
涂抹：●CR/软

【糖坯】

心形：●CR,●PI

1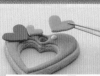

在基底上绘出轮廓后涂抹糖霜，并用中等硬度糖霜粘上心形糖坯。

2

将饰带系在曲奇的孔洞上（需在烘烤前用吸管给曲奇面坯打孔）。

Ⓕ 蕾丝心

岛田清佳

【材料】

心形可可曲奇（P8）

【糖霜】

红色蕾丝：●CR＋●BL/中等
粉色蕾丝：●RO＋●CR＋●MB/中等

1

将带有THANKS字样的图章盖在曲奇面坯上，然后烘烤。

2

最后用中等硬度糖霜绘出蕾丝边。

Ⓖ 红唇心

Mon Cheri

【材料】

心形曲奇

【糖霜】

轮廓：●WH/中等
涂抹：●WH/软
唇：●CR/软
锯齿纹：●CR/中等

1

2

3

在基底上绘出轮廓后涂抹糖霜，在干燥前绘上横向椭圆形，再用尖棒拉伸两端以修整成唇形。

用尖棒上下调整一下嘴唇中部的形状。

最后用中等硬度糖霜在基底周围做出锯齿纹。

Xmas

圣诞节

Ⓐ 圣诞树

Vanilla Café

【材料】
圣诞树形曲奇、银糖珠

【糖霜】
轮廓　：●WH/中等
涂抹　：●WH/软
图案　：●WH/中等
点状　：●KG,●CR/软
基台　：●MB/中等

1 给圣诞树基底涂抹糖霜，在干燥前用软糖霜绘出点状。

2 待表面干燥后，用白色糖霜绘出花纹，在其干燥前装饰上银糖珠。

3 最后用中等硬度糖霜绘出圣诞树基台部分的图案即可。

Ⓑ 手杖&靴子

Mon Cheri

【材料】
手杖形曲奇、银糖珠

【糖霜】
轮廓　　：●WH/中等
涂抹　　：●WH/软
柊树图案：●KG,●CR/软
柊树叶　：●KG/硬
柊树果　：●CR/中等

1 给基底涂抹糖霜，在干燥前用软糖霜绘出纵向椭圆形，再用尖棒按不同角度由中心向外拉伸椭圆形以做成柊树叶。

2 在柊树叶的根部绘上红色点状以做成果实。

3 待表面干燥后，用V型端口的裱花袋做出叶片（P17），再装饰上银糖珠和果实即完成。

Ⓒ 雪花

真岛阳子

【材料】
雪花形曲奇、糖粉、银糖珠

【糖霜】
轮廓　：●WH/中等
涂抹　：●WH/软
图案　：●WH/中等

1 给基底涂抹糖霜，待其干燥后绘出图案，在图案干燥前撒上糖粉。

2 用中等硬度糖霜粘上银糖珠即可。

Ⓓ 雪人

真岛阳子

【材料】
雪人形曲奇、银糖珠

【糖霜】
轮廓　：●WH/中等
涂抹　：●WH/软
· 帽子
轮廓　：黑可可/中等
涂抹　：黑可可/软

· 围巾
轮廓　：●LG+黑可可/中等
涂抹　：●LG+黑可可/软
· 眼、口　黑可可/中等
· 鼻　●CR/中等

1 在基底上绘出各部分的轮廓后，间隔时间分别涂抹糖霜。

2 待表面干燥后，绘出脸部。

Ⓔ 圣诞老人

真岛阳子

【材料】
造型曲奇

【糖霜】
· 脸部　：●PI+●MB/中等、软
· 眼、手套,纽扣：黑可可/中等、软
· 衣服、鼻：●CR+黑可可/中等、软
· 头发、胡子、口、雪橇图案：●WH/中等
· 雪橇上部：黑可可/中等、软
· 雪橇下部：●SB/中等、软
· 文字　：●LG+黑可可/中等

1 把用模具定型的圣诞老人曲奇和雪橇曲奇放在一起烘烤。

2 在基底上绘出各部分的轮廓后，间隔时间分别涂抹糖霜，待其表面干燥后绘出脸部和图案。

3 在胡子、帽子及袖口部分以画圈方式挤压中等硬度糖霜。

Ⓕ 水晶球

畑TITOSE

【材料】
造型曲奇、软糖、彩色糖球（白）、糖坯、银糖珠

【糖霜】
· 水晶球上部　轮廓：●SB+●BL/中等
涂抹：●SB+●BL/软
· 水晶球下部　轮廓：●BL/中等
涂抹：●BL/软
· 文字,雪花：●WH/中等

【糖坯】
饰带盒：●PI的深浅组合

1 在曲奇烤好的2分钟前，放入软糖后继续烘烤。

2 在基底上绘出各部分的轮廓后，间隔时间分别涂抹糖霜。挤压适量中等硬度糖霜以粘贴彩色糖球，并绘上文字及图案，最后装饰上银糖珠即可。

Ornament

小饰品

Ⓐ 白色饰品（长条形）2种

山口有佳子

材料
造型曲奇、银糖珠、糖珠

糖霜
轮廓：●WH/中等
涂抹：●WH/软
图案：●BL + ●VL/中等

1

在基底上绘出轮廓后涂抹糖霜，待其干燥后绘出图案、文字，再装饰上糖珠即可。

Ⓑ 白色饰品（圆形）

山口有佳子

材料
圆形曲奇、银糖珠、糖坯

糖霜
轮廓：●WH/中等
涂抹：●WH/软
图案：●BL + ●VL/中等

糖坯
●BL + ●VL的深浅组合

1

分别做出深浅不同的3种颜色的糖坯，然后用模具定型，再将一块白色糖坯搓成球状。

2

在基底上涂抹糖霜，待干燥后绘出文字及图案，再用杜松子酒粘上糖坯组件即可。

Ⓒ 镂花饰品 3种

上田浩美

材料
造型曲奇

糖霜
轮廓：●SB + ●BL/中等
涂抹：●SB + ●BL/软
镂花：●WH/略软于中等

1

给基底涂抹糖霜，待其彻底干燥后，用手将模板垫固定于曲奇表面。

2

由上至下缓慢、均匀涂抹糖霜，并擦掉多余糖霜。

3

从正上方轻轻剥离模板垫。

4

最后，将边缘处的多余糖霜擦拭干净即完成。

58

G

F

E

C

Congratulations
on your baby!

D

A

Hello
BABY

B

Congratulations
on your baby!

A 拨浪鼓

宫崎renaltuta

材料
造型曲奇、彩色糖珠、饰带（非食用）

糖霜
- 上下 轮廓：●PI + ●MB/中等
涂抹：●PI + ●MB/软
- 棒 轮廓：●VL + ●MB/中等
涂抹：●VL + ●MB/软

1 在基底绘出各部分的轮廓后，先涂抹上下球部的糖霜，在干燥前装饰上彩糖珠。

2 待球部干燥后，涂抹棒部糖霜，再用中等硬度糖霜粘上饰带即可。

B 尿布形蛋糕

中村知世

材料
造型曲奇、糖坯、银糖珠

糖霜
轮廓：○WH/中等
涂抹：○WH/软
图案：○WH/中等

糖坯
●PI + ●OR + ●MB.
●SB + ●RG + ●MB

1 用模具定型2mm厚的糖坯（分别做出挂件、奶瓶和气球），再用中等硬度糖霜绘出图案。

2 在基底上涂抹糖霜后绘出图案，最后用中等硬度糖霜粘上糖坯组件即可。

C 围嘴儿

广高都志子

材料
圆形曲奇、糖坯、杜松子酒

糖霜
轮廓：●SB + ●LG,●CR/中等
涂抹：●SB + ●LG,●CR/软
图案：○WH/中等

1 在基底上绘出轮廓后涂抹糖霜，待表面干燥后，用中等硬度糖霜绘出点状。

2 最后，用杜松子酒粘上褶边糖坯和饰带（P21）即可。

D 小熊留言板

松浦绘美

材料
造型曲奇

糖霜
- 小熊
轮廓：黑可可/中等
涂抹：黑可可/软
眼鼻：黑可可/中等

- 图板
轮廓：○WH/中等
涂抹：○WH/软
文字：●LG,●SB,●PI/中等
点状：○WH/中等

1 用中等硬度糖霜绘出小熊的脸部，间隔时间分别涂抹小熊及图板的糖霜，同时也给小熊手部涂抹糖霜。

2 在图板上绘出点状及文字，再用中等硬度糖霜粘上小熊的手部即完成。

E 木马

中村小百合

材料
造型曲奇

糖霜
轮廓：●CR + ●VL的深浅组合/中等
涂抹：●CR + ●VL的深浅组合/软
花边、图案：○WH/中等硬度

1 在基底上绘出各部分轮廓后，间隔时间分别涂抹糖霜。

2 最后用中等硬度糖霜绘出图案即可。

F 婴儿车

中村小百合

材料
造型曲奇

糖霜
轮廓：●CR + ●VL的深浅组合,●VL/中等
涂抹：●CR + ●VL的深浅组合,●VL/软
点状：●CR + ●VL/软
图案：○WH,●PI/中等

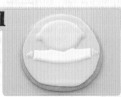

1 在基底上绘出各部分轮廓后，间隔时间分别涂抹糖霜。

2 在糖霜干燥前，用软糖霜绘上点状图案。

3 最后用中等硬度糖霜绘出花边等图案即可。

G 婴儿图板

夜久纯子

材料
圆形曲奇

糖霜
- 女宝图板基底、衣服
轮廓：●PI + ●MB/中等
涂抹：●PI + ●MB/软
- 男宝图板基底、衣服
轮廓：●SB + ●MB/中等
涂抹：●SB + ●MB/软
- 脸部基底、手 ●OR + ●MB/中等、软
- 头发 ●MB/中等、软
- 文字、脸部五官 黑可可,○WH

1 给基底涂抹糖霜，待其干燥后绘出婴儿的脸部、身体及手部轮廓，并间隔时间分别涂抹糖霜。

2 待脸部糖霜干燥后，绘出头发轮廓，并涂抹糖霜。

3 用中等硬度糖霜绘出脸部五官（在眼部的黑色糖霜干燥前，点上白色糖霜），并写上文字。最后，再用中等硬度糖霜给袖子部分镶边。

Wedding

婚礼

Ⓐ 婚车

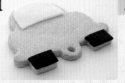

1

2

3

材料
造型曲奇、 糖坯、 饰带 （非食用）、
金属线 （非食用）

糖霜
文字 ： ◓LY/中等

糖坯
车体 ： ◓SB + ◓LG　轮胎 ： 黑可可
花 ： ◓OR,◓VL,◓SB,◓LG,◓OR + ◐PI
空罐 ： ◐MB,◓SB　饰带 ： ◐PI + ◓LY

用剪刀在2mm厚的糖坯上剪出车窗和轮胎的形状， 并用杜松子酒粘在曲奇上。 然后用小刀在轮胎上刻几道竖纹。

用杜松子酒将扣掉车窗的车形糖坯粘在曲奇上。

将金属线穿在空罐形糖坯上做成金属环， 然后粘上条状糖坯， 用饰带穿过车形曲奇的孔洞与金属环系在一起。 最后粘上糖坯饰带 （P22） 即完成。

Ⓑ 婚礼蛋糕

西田春美

1

2

材料
造型曲奇

糖霜
轮廓 ： ◐MB
+ ◐BL/中等
涂抹 ： ◐MB + ◐BL/软
玫瑰 ： ◐CR + ◐MB/
硬　叶子 ： ◓KG +
◐MB/硬　爬山虎 ：
◓KG + ◐MB/中等

在基底上绘出轮廓后涂抹糖霜， 待表面干燥后用中等硬度糖霜绘出爬山虎， 并粘上玫瑰花 （P17）。

用V形端口的裱花袋做出花叶（P17）。

Ⓒ 婚礼图板

西田春美

1

2

材料
造型曲奇

糖霜
轮廓 ： ◓WH/中等
涂抹 ： ◓WH/软
花蕾 ： ◐CR + ◐
MB/硬　花萼、 花
茎 ： ◓KG + ◐MB/
中等
文字 ： ◓WH/中等

给基底上涂抹糖霜， 待表面干燥后， 用中等硬度糖霜粘上花蕾 （P17）， 并于花蕾下方绘出花萼及花茎。

最后， 镶上边、 写上文字即可。

Ⓓ 戒指

西田春美

1

2

3

材料
造型曲奇、 金箔糖粉

糖霜
• 宝石　轮廓 ： ◓WH/中等
涂抹 ： ◓WH/软
图案 ： ◓WH/中等
• 指环 ： ◓LY + ◐MB/中等

在曲奇上绘出一圈由两个水滴组成的心形图案。

在其干燥前撒上金箔糖粉， 并多余糖粉扫掉。

绘出宝石轮廓后涂抹糖霜， 待表面干燥后绘出图案。

Ⓔ 婚纱

山口有佳子

1

2

材料
裙形曲奇、 糖坯、 翻糖蕾丝、 杜松子酒

用剪刀将2mm厚的糖坯剪成裙子大小后窝褶， 然后用杜松子酒将其粘在曲奇上。

用工艺剪剪出裙裾。

3

4

制作褶边糖坯 （P22）， 用杜松子酒将两片褶边由下至上地粘在上身处， 再将一块条形糖坯粘在腰部。

用翻糖蕾丝做饰带 （P22）， 并在饰带中心处卷上一块糖坯， 最后用中等硬度糖霜将其粘在腰部。

Ⓕ 捧花

山口有佳子

1

2

材料
糖坯、 翻糖蕾丝、
饰带 （非食用）

糖霜
点状 ： ◓WH/中等

糖坯
花 ： ◐PI + ◐CR

翻糖蕾丝
◓WH

将糖坯搓成球形， 用杜松子酒将若干花形糖坯粘在球面上， 在花心处绘出点状。

用杜松子酒将弯卷的翻糖蕾丝包于花周， 再用中等硬度糖霜粘上饰带。

Ⓖ 后冠

山口有佳子

1

2

材料
皇冠形曲奇、 珍珠粉、 糖珠

糖霜
轮廓 ： ◓WH/中等
涂抹 ： ◓WH/软
图案 ： ◓WH/中等

在基底上绘出轮廓后涂抹糖霜， 待表面干燥后用毛笔刷上珍珠粉。

用中等硬度糖霜绘出图案后， 再粘上糖珠即完成。

B

D

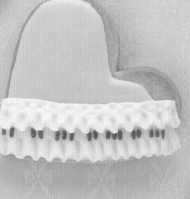

C

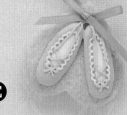

E

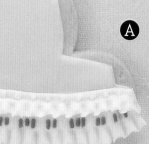

A

Ⓐ 钢琴 蓝色&粉色

【材料】 广高都志子
心形曲奇、 糖坯

【糖霜】
轮廓： ●CR,●SB + ●LG/中等
涂抹： ●CR,●SB + ●LG/软
键盘： ●MB/中等

1 斜放心形曲奇，将曲奇分成两部分后， 间隔时间分别涂抹糖霜。

2 制作褶边糖坯（P22）， 将其粘在曲奇上， 再绘出黑色键盘即可。

Ⓑ 钢琴 黑

【材料】 西冈麻子
心形曲奇、 糖坯组件、 银糖珠

【糖霜】
轮廓： 黑可可,●WH/中等
涂抹： 黑可可,●WH/软
键盘： ●WH,黑可可/中等

1 在基底上绘出各部分轮廓， 快速同时涂抹糖霜， 以防表面凹凸不平。

2 用中等硬度糖霜绘出黑、 白键盘， 再粘上组件即可。

Ⓒ 音符 2种

【材料】 持田彩乃
音符形曲奇、 糖坯

【糖霜】
轮廓： ●SB/中等
涂抹： ●SB/软
点状： ●PI + ●OR + ●MB/软
花边： ●PI + ●OR + ●MB/中等
乐谱： 黑可可/中等
树叶： ●LG/硬

【糖坯】
●PI + ●OR + ●MB

1 在基底上绘出轮廓后涂抹糖霜， 在干燥前用软糖霜绘出点状。

2 用中等硬度糖霜将花形糖坯粘在音符上，再做出叶子（P19）。

3 待圆形曲奇表面的糖霜干燥后， 用中等硬度糖霜绘出乐谱和花边。

Ⓓ 芭蕾舞裙

【材料】 西冈麻子
造型曲奇、 糖坯、
杜松子酒

【糖霜】
轮廓： ●PI + ●OR,●WH/中等
涂抹： ●PI + ●OR,●WH/软
图案： ●PI + ●OR,●WH/中等

1 制作褶边糖坯（P22）， 用杜松子酒按照由外圈至里圈的顺序将两块糖坯粘在曲奇上。

2 绘出芭蕾舞裙各部分的轮廓， 间隔时间分别涂抹糖霜。

3 待表面干燥后， 绘出饰带及花形图案等即完成。

Ⓔ 芭蕾舞鞋

【材料】 西冈麻子
心形曲奇、 饰带（非食用）

【糖霜】
轮廓： ●PI + ●OR
涂抹： ●PI + ●OR,●WH/软
图案： ●PI + ●OR,●WH/中等

1 在基底上绘出各部分轮廓， 间隔时间分别涂抹糖霜。

2 待表面干燥后， 用中等硬度糖霜绘出图案、 粘上饰带即可。

Column 适于赠送不喜甜食者的曲奇

很多不喜甜食的男性会对可爱的**糖霜曲奇**敬而远之，此时可在曲奇中加入适量黑可可粉以增加苦味，再用**中等硬度糖霜**写上文字即可。大面积涂抹糖霜会加大甜度，我们仅需点到为止。

Ⓐ 图板

[材料]
造型曲奇、珍珠粉

岛田清佳

[糖霜]
轮廓：●RO＋●CR＋●MB/中等
涂抹：●RO＋●CR＋●MB/软
图案、文字：●WH/中等
玫瑰：●WH/硬
5瓣花：●RO＋●VL＋●MB/硬
褶瓣花：●RO＋●MB/硬

1 在基底上绘出轮廓后涂抹糖霜，待表面干燥后绘出水滴及点状图案，并写上文字。

2 在图案干燥前，用带金属卡口的裱花袋在表面做出玫瑰（P19）、5瓣花（P17）和褶瓣花（P18），再用毛笔给花朵刷上珍珠粉即完成。

Ⓑ 香槟酒杯、心形

[材料]
酒杯形曲奇、砂糖、饰带（非食用）

梶野知佳

[糖霜]
• 香槟杯
轮廓：●WH/中等
涂抹：●PI＋●OR/软
• 心形
轮廓：●PI/中等
涂抹：●PI/软

1 在基底上绘出酒杯轮廓后，涂抹香槟酒部分的糖霜。

2 在其干燥前撒上砂糖，再用中等硬度糖霜粘上饰带即可。

Ⓒ 香槟酒瓶、脆饼

[材料]
酒瓶形曲奇、翻糖蕾丝、糖坯、杜松子酒、饰带（非食用）

Aglaia

[糖霜]
• 瓶身、脆饼（绿）
轮廓：●LG＋●LY＋●MB/中等
涂抹：●LG＋●LY＋●MB/软
• 瓶塞、脆饼（黄）
轮廓：●GY＋●MB/中等
涂抹：●GY＋●MB/软

[糖坯]
标签：●GY＋●MB

1 给基底各部分涂抹糖霜，待表面干燥后，用杜松子酒粘上翻糖蕾丝，并用剪刀剪掉多余部分。

2 用杜松子酒将一块方形糖坯粘在酒瓶上以作为标签，然后写上文字，最后用中等硬度糖霜粘上饰带。

Ⓓ 玫瑰花束

[材料]
造型曲奇、糖坯、饰带（非食用）

Koris Yamano

[糖霜]
玫瑰：●CR＋●OR/硬
图案：●WH,●CR＋●OR/中等

[糖坯]
花束下部：●WH

1 将2mm厚的糖坯剪成花束上部及下部的形状，然后给下部做出褶皱，再用杜松子酒将两块糖坯都粘在曲奇上。

2 用中等硬度糖霜降做好的玫瑰（P19）粘在曲奇上，再绘出图案即可。

Column

和孩子们一起动手做吧！

和孩子一起制作糖霜曲奇时，无需太过细致，可让他们自由发挥。凭借孩子们丰富的想象力，定会做出非同凡响的作品。由于孩子们很难分清中等硬度糖霜和软糖霜，所以可调制出一种略硬于软糖霜的糖霜供他们使用。可多准备一些装饰用的银糖珠及糖屑等，可以让孩子与父母、朋友间的互动更具乐趣。

Birthday

生日

Number

数字

Ⓐ 蜡烛

[材料]
蜡烛形曲奇

[糖霜]
轮廓： ⚪WH,⚪LY + ⚪GY/中等
涂抹： ⚪WH,⚪LY + ⚪GY,⚪PI + ⚪CR + ⚪MB/软
星形： ⚪LY + ⚪GY/软
火焰： ⚪OR + ⚪CR + ⚪MB/硬

西冈麻子

 **1**

 **2**

 **3**

1 在基底上绘出蜡油及烛体滚边部分的轮廓，涂抹烛体的糖霜时，切勿间隔时间以使滚边糖霜充分融合

2 在烛体的白色糖霜干燥前，用软糖霜绘出点状，并美化成星形图案。

3 最后用星形金属卡口挤压硬糖霜以做成火焰状花纹。

Ⓑ 礼品盒

[材料]
造型曲奇、饰带（非食用）

[糖霜]
轮廓： ⚪WH,⚪LG + ⚪SB,⚪CR + ⚪BL/中等
涂抹： ⚪WH,⚪LG + ⚪SB,⚪CR + ⚪BL/软
点状： ⚪WH/软

松浦绘美

 **1**

 **2**

1 在基底上绘出各部分轮廓后，间隔时间分别涂抹糖霜。制作粉色礼品盒时，可在糖霜干燥前绘上点状。

2 用中等硬度糖霜粘上饰带即可。

Ⓒ 小彩旗

[材料]
三角形曲奇饰带（非食用）

[糖霜]
轮廓： ⚪WH,⚪LY,⚪LG,⚪SB,⚪PI + ⚪OR/中等
涂抹： ⚪WH,⚪LY,⚪LG,⚪SB,⚪PI + ⚪OR/软

冈村真弓

 **1**

 **2**

1 先给曲奇面坯打孔后再烘烤，然后涂抹糖霜，在其干燥前绘出各种图案。

2 待糖霜彻底干燥后，用饰带将彩旗串在一起即可。

Ⓓ 生日蛋糕

[材料]
圆形曲奇、彩色糖珠

[糖霜]
轮廓： ⚪WH/中等
涂抹： ⚪WH/软
文字： ⚪RO/中等
裱花： ⚪RO/硬

畑千岁

 **1**

2

 **3**

1 待基底糖霜干燥后，在上面挤压贝壳纹（P19），在干燥前点缀上彩糖珠。

2 用中等硬度糖霜在蛋糕中间写上文字。

3 在另一片原味曲奇周围挤压贝壳纹，然后将两枚曲奇叠在一起即完成。

Ⓔ 晚会帽

[材料]
帽形曲奇、糖坯、彩糖

[糖霜]
轮廓： ⚪SB,⚪WH/中等硬度
涂抹： ⚪SB,⚪WH/软
点状： ⚪LG + ⚪MB/软

池田麻希子

 **1**

 **2**

1 给（紫色帽）基底涂抹糖霜，在干燥前撒上彩糖。给（蓝色帽）基底涂抹糖霜，在干燥前用软糖霜绘出点状。

2 最后，用中等硬度糖霜将沾有彩糖的球形糖坯粘在帽尖处即可。

数字的做法
参照下页

A ①&②

中村小百合

[材料]
造型曲奇
[糖霜]
轮廓：●LG,●PI + ●VL/中等
涂抹：●LG,●PI + ●VL/软
条纹：●WH,●VL/软
数字剪影：●CR,●LG/中等、软

1

在基底上绘出轮廓后涂抹糖霜，在干燥前用软糖霜绘出条纹。

2

待表面干燥后，用中等硬度糖霜粘上数字剪影（P15）。（如果在糖霜干燥前粘贴数字，会使花纹歪斜。）

B ③

松本绫香

[材料]
造型曲奇、糖坯
[糖霜]
轮廓：●RB + ●SB/中等硬度
涂抹：●RB + ●SB/软
云朵：●WH/软
[糖坯]
· 鸟 ●SB

1

给基底涂抹糖霜，在干燥前用软糖霜绘出3个并列的点状图案，并将其美化成云朵模样。

2

将定型好的鸟形糖坯放在隆起的锡箔纸上晾干（P20），最后用中等硬度糖霜将其粘在曲奇上即可。

C ④

松本绫香

[材料]
造型曲奇
[糖霜]
轮廓：●LG + ●GY/中等
涂抹：●LG + ●GY/软
[糖坯]
· 草莓
草莓：●NR 花蕊：●LY 树叶：●LG

1

用牙签给搓圆的倒三角形糖坯扎出孔洞，再用剪刀给叶子剪出切口，将其组合在一起就做成了草莓。

2

在定型好的花形糖坯的中心处放上圆形花心，再将其粘在涂抹糖霜的曲奇上即可。

D ⑤&⑥

西冈麻子

[材料]
造型曲奇
[糖霜]
· 树干 轮廓：●MB/中等
涂抹：●MB/软
· 树叶 轮廓：●MG + ●MB/中等
涂抹：●MG + ●MB/软
· 苹果：●CR + ●BL/软
· 葡萄：●VL + ●MB/中等
· 果蒂：●MB/中等

1

间隔时间分别涂抹树干、树叶部分的糖霜，待表面干燥后，用软糖霜绘出苹果，再用中等硬度糖霜绘出果蒂。

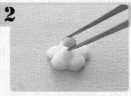

2

操作与步骤1相同，最后用中等硬度糖霜绘出葡萄和果蒂即可。

E ⑦&⑧

吉田惠

[材料]
造型曲奇
[糖霜]
轮廓：●RB,●WH/中等
涂抹：●RB,●WH/软
针脚：●RB/中等
剪影：●CR,●WH/中等、软

1

制作心形剪影（P16），再用中等硬度糖霜将8粘在心形上。

2

在基底上绘出各部分的轮廓。

3

间隔时间分别涂抹糖霜，在干燥前粘上剪影图案。

F ⑨&⑩

矢野智香子

[材料]
造型曲奇
[糖霜]
轮廓：●PI + ●OR,●LY + ●OR/中等
涂抹：●PI + ●OR,●LY + ●OR/软
剪影：●WH/中等、软
点状：●PI + ●OR,●LY + ●OR/中等

1

制作剪影（P16），给基底涂抹糖霜，在干燥前粘上剪影。

2

最后用中等硬度糖霜在曲奇周围做出点状图案即可。

Part.4

不同风格的
糖霜曲奇

Ⓐ 埃菲尔铁塔

Couleur

材料
铁塔形曲奇

糖霜
图案：●CR + ●MB,●SB,◔WH/中等

1 用中等硬度糖霜绘出塔基座部分的图案。

2 然后绘出塔身和塔顶部分的图案。

Ⓑ 镂花曲奇

坂口理佐

材料
圆形曲奇

糖霜
・基底
轮廓：●RB + ●MB,◔WH/中等
涂抹：●RB + ●MB,◔WH/软
・镂花
◔WH,●GY + ●MB/略软于中等硬度

1 给基底涂抹糖霜，待其彻底干燥后，将模板垫固定在表面，然后用抹刀涂糖霜。

2 最后，从正上方轻轻剥离模板垫即可。

Ⓒ 对话泡

坂口理佐

材料
造型曲奇

糖霜
轮廓：◔WH,●CR + ●BL,●RB/中等
涂抹：◔WH,◔ + ●BL,●RB/软
文字：●RB/中等

1 在基底上绘出各部分的轮廓后，间隔时间分别涂抹糖霜。

2 待表面干燥后，用中等硬度糖霜写上文字即完成。

Ⓓ 邮票

松本绫香

材料
长方形曲奇、糖坯、食用色素、图章

糖霜
轮廓：●RB,●CR中等
涂抹：◔WH,●RB,●CR/软

糖坯
●RB + ●MB,◔WH

1 用方形波纹模具定型糖坯后，扣掉正中的方形糖坯，然后用杜松子酒将波纹框粘在曲奇上。

2 在基底上绘出3色旗的轮廓后，间隔时间分别涂抹糖霜。

3 用食用色素给图章上的图案上色，然后把图章盖在充分干燥的曲奇表面即可。

4 同样用食用色素给带有埃菲尔铁塔图案的图章上色。

5 将图章盖在薄糖坯上。

6 最后用杜松子酒将定型后的糖坯粘在曲奇上。

Column

如何提高裱花的水平

裱花（绘制线条、图案等）是制作糖霜曲奇中最费时费力的一步。一旦手不稳就会出现断线或不平滑的曲线，因此只有充分练习才能不断提高裱花水平。
即使每天练习的时间很短，也要坚持下去，不可半途而废。练习时，可在烘焙纸或透明文件夹上操作。

A 浮雕饰品

材料
圆形曲奇、糖粉（食用）、杜松子酒

糖霜
轮廓：●MB + ●BL/中等
涂抹：●MB + ●BL/软
大理石花纹：●MB + ●GY + ●OR/软
点状：●MB + ●GY + ●OR/中等

田泽智美

1 涂抹人像头部基底的糖霜，在外周糖霜干燥前绘出大理石花纹，再在周围做出一圈点状图案。

最后，用溶有金色糖粉的少量杜松子酒涂抹点状即可。

B 复古图板（小）

材料
造型曲奇、杜松子酒

糖霜
轮廓：●OR + ●PI + ●MB/中等
涂抹：●OR + ●PI + ●MB/软
条纹：●LY + ●MB/软
玫瑰：●PI + ●CR + ●MB/硬
爬山虎：●LG + ●MB/中等
树叶：●LG + ●MB/硬
文字：●MB的食用色素

片岛裕奈

1 在基底上绘出轮廓后涂抹糖霜，在干燥前用软糖霜绘出条纹。

2 用毛笔蘸着溶有食用色素的杜松子酒涂抹糖霜边缘，并使颜色向中心延伸的过程中逐渐由浓转淡，以营造出复古美感。再用同样颜色写上文字。

3 在表面绘出爬山虎，再用V形端口的裱花袋做出叶片，最后用中等硬度糖霜做成玫瑰（P18）即完成。

C 复古图板（大）

材料
造型曲奇、杜松子酒

糖霜
• 基底
轮廓：●OR + ●PI + ●MB/中等
涂抹：●OR + ●PI + ●MB/软
• 中央
轮廓：●LY + ●MB/中等
涂抹：●LY + ●MB/软
• 点状
轮廓：●LY + ●MB/中等
玫瑰图：●MB,●PI,●CR,●LG的食用色素

片岛裕奈

1 间隔时间分别涂抹周围及中心部分的糖霜，然后用溶有食用色素的杜松子酒绘出玫瑰，再用中等硬度糖霜在玫瑰周围做出点状图案。

D 复古挂牌

材料
长方形曲奇

糖霜
• 基底
轮廓：●WH/中等
涂抹：●WH/软
• 剪影
黑可可/中等
• 复古纹饰
食用色素：●MB

photo Monaka

1 制作剪影，并使其充分干燥。先用吸管给曲奇面还打孔，然后烘烤。给烤好的曲奇涂抹糖霜，在干燥前粘上剪影（P16）。

2 用毛笔蘸着溶有食用色素的杜松子酒（MB）在糖霜周围随意绘出花纹，最后系上饰带即可。

E 相框

材料
正方形曲奇、金色糖粉（食用）

糖霜
• 基底
轮廓：●PI + ●MB,●LY + ●OR/中等
涂抹：●PI + ●MB,●LY + ●OR/软

井上理绘

1 在基底上绘出轮廓后涂抹糖霜，待表面干燥后，用中等硬度糖霜绘出CS花边（P14）。

2 最后用干毛笔轻轻刷上金色糖粉即可。

Gorgeous

华美风

Ⓐ 威尼斯面具 白色

日下部惠子

【材料】
造型曲奇、砂糖

【糖霜】
• 基底
轮廓：◯WH/中等
涂抹：◯WH/软
• 图案
◯WH/略软于中等硬度
• 羽毛、花
◯WH/硬

1 待基底表面糖霜干燥后，用略软于中等硬度的糖霜绘出图案，并在干燥前撒上砂糖，然后扫掉多余部分。

2 用101号玫瑰金属卡口按照由上至右下，再由上至左下的方向沿着中线绘出羽毛图案。

3 挤压4瓣花后，在其上方挤压3瓣花（P18），然后用中等硬度糖霜将花朵粘在面具上即可。

Ⓑ 威尼斯面具 黄色

日下部惠子

【材料】
造型曲奇、砂糖、糖果

【糖霜】
• 基底
轮廓：◯WH/中等
涂抹：◯WH/软
• 图案
◯GY + ◯OR + ◯MB/中等

1 待基底表面糖霜干燥后，用中等硬度糖霜绘出眼部周围轮廓和CS花边（P14）。

2 在图案干燥前撒上彩糖（P24），用微波炉融化糖果后用模具定型做成糖组件，最后用中等硬度糖霜将组件粘在面具上即可。

Ⓒ 米色晚礼服

西田春美

【材料】
裙形曲奇、金箔糖粉、银糖珠、糖珠

【糖霜】
轮廓：◯LY + ◯MB，◯WH/中等
涂抹：◯LY + ◯MB，◯WH/软
图案：◯WH/中等

1 在基底上绘出轮廓后，间隔时间分别涂抹糖霜。

2 用中等硬度糖霜绘出CS花边（P14），在干燥前撒上金箔糖粉并扫掉多余糖粉，最后用中等硬度糖霜粘上银糖珠即可。

Ⓓ 黑色晚礼服&手套

西田春美

【材料】
裙形曲奇、银箔糖粉

【糖霜】
轮廓：黑可可/中等
涂抹：黑可可/软
玫瑰：黑可可/硬

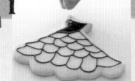

1 （晚礼服）用中等硬度糖霜描出裙子的轮廓，给上半身部分涂抹糖霜，在干燥前撒上银箔糖粉。

2 用糖霜给裙子部分的鱼鳞状图案镶边，然后间隔涂抹糖霜，在干燥前分散撒上银箔糖粉。

3 涂抹剩余部分的糖霜，将做好的玫瑰（P18）粘在裙子上即可。

4 （手套）在基底上绘出各部分的轮廓后分别涂抹糖霜，然后在手套袖口处撒上银箔糖粉，再装饰上银糖珠即可。

Ⓔ 枝形吊灯

西田春美

【材料】
水滴形曲奇

【糖霜】
轮廓：黑可可/中等
涂抹：黑可可/软
支柱：黑可可/软
灯泡：◯WH/软

1 绘出心形及水滴图案的轮廓，然后涂抹糖霜。

2 用软糖霜绘出灯柱（黑）和灯泡（白）。操作时，可先用牙签或中等硬度糖霜描出轮廓。

3 再次给吊灯上部的心形及水滴图案描一遍轮廓即可。

淑女小屋

Ⓐ 修身裙

泽田裕美

【材料】
裙形曲奇、糖珠、饰带（非食用）

【糖霜】
• 裙子
轮廓：◐LY+●PI,◌WH/中等
涂抹：◐LY+●PI,◌WH/软
花边：◐LY+●PI,◌WH/中等
• 试衣架上部

轮廓：◐LY+●OR/中等
涂抹：◐LY+●OR/软
• 试衣架腿
●MB+●BL/软

1 在基底上绘出各部分的轮廓后，间隔时间分别涂抹糖霜。

2 用中等硬度糖霜绘出花边后，粘上饰带，再用软糖霜绘出衣架腿即可。

Ⓑ 照明灯

泽田裕美

【材料】
造型曲奇

【糖霜】
• 灯罩
轮廓：◐LY+●PI,◌WH/中等
涂抹：◐LY+●PI,◌WH/软

• 灯柱
●MB+●BL/软
• 灯柱装饰
◐LY+●PI/中等
◐LY+●PI/软

1 先绘出灯罩和灯柱粉色区域的轮廓，然后间隔时间分别涂抹糖霜。

2 最后用软糖霜绘出灯柱即可。

Ⓒ 手表

坂口理佐

【材料】
圆形曲奇

【糖霜】
轮廓：●GY/中等
涂抹：●GY/软
花边：●GY/中等
文字、表针：●MB+●BL/中等

1 在基底上绘出轮廓后涂抹糖霜，并在周围绘出花边。

2 最后用中等硬度糖霜绘出数字和表针。

Ⓓ 沙发 双人式&单人式

松本绫香

【材料】
造型曲奇、糖坯

【糖霜】
• 基底
轮廓：●GY/中等
涂抹：●GY/软
• 玫瑰（粉色）
●NR,●PI+●NR/软
• 玫瑰（蓝）
●RB+●SB（深浅组合）/软
• 树叶 ●KG+◐LY,◐LG+◐LY/软

【糖坯】
• 扶手 ●MB+●BL

1 给基底涂抹糖霜后，在干燥前绘上点状图案，然后用深色糖霜（软）圈住点状图案的上半部分。

2 用牙签将点状图案美化成玫瑰图案，再用软糖霜快速绘出叶子和点状图案。

3 最后粘上糖坯做的扶手即完成。

Ⓔ 靠垫

松本绫香

【材料】
糖坯
●PI+●MB,●SB+●MB

1 用硅胶模具定型3mm厚的糖坯，然后用剪刀将其剪成2cm大小的方形或心形。

2 在糖坯背面粘上一块半球形糖坯以做出蓬松感。

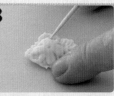

3 最后用牙签给靠垫边缘做出图案即完成。

Ⓕ 猫

松本绫香

【材料】
糖坯
黑可可

1 将图样垫在烘焙纸下面，将黑可可糖坯放在烘焙纸上，边用手指蘸水边修整形状，最后晾干即可。

Kids

童趣（曲奇棒）

SMILE!

Ⓐ 唇形&胡子形曲奇棒

材料
造型曲奇、彩糖珠

糖霜
• 唇形
轮廓：●CR/中等
涂抹：●CR/软
• 胡子形
轮廓：●MB＋黑可可/中等
涂抹：●MB＋黑可可/软

真岛阳子

1
在基底上绘出轮廓后涂抹糖霜，在表面干燥前撒上彩糖珠即可。

Ⓑ 飞泡形曲奇棒

材料
飞泡型曲奇、糖粉、糖组件

糖霜
• 嘴唇
轮廓：●CR/中等
涂抹：●CR/软
• 圆盘
轮廓：●LY＋●MB/中等
涂抹：●LY＋●MB/软
• 飞泡
轮廓：●RB＋●MB/中等
涂抹：●RB＋●MB/软
文字、图案：●CR/中等

atelier anon

1
给飞泡形曲奇上绘出轮廓后涂抹糖霜，待表面干燥后用糖霜镶边并写上文字。

3
最后，用中等硬度糖霜将飞泡形曲奇及其他组件粘在圆形曲奇上即完成。

2
给圆形及唇形曲奇涂抹糖霜，待表面干燥后绘上图案，再用毛笔刷上糖粉，然后给唇形曲奇镶一圈边。

Ⓒ 眼镜

材料
眼镜形曲奇、软糖

糖霜
轮廓：●RO/中等
涂抹：●RO/软
条纹：●LG,●LY,●VL,●RO,●SB/软

畑千岁

1
在曲奇烤的好2~3分钟前放入软糖，然后继续烘烤。

2
在基底上绘出轮廓后涂抹糖霜，在表面干燥前用软糖霜绘出条纹。

Ⓓ 王冠

材料
皇冠形曲奇、糖坯、糖果、杜松子酒

糖霜
轮廓：●LY/中等
涂抹：●LY/软

糖坯
●LG

畑千岁

1
用杜松子酒溶解糖果，然后将溶液滴在烘焙纸上，待凝固后剥落。

2
给基底轮廓涂抹糖霜，并用中等硬度糖霜粘上糖滴，最后用杜松子酒粘上定型好的糖坯即可。

Ⓔ 后冠

材料
皇冠形曲奇、银糖珠、糖粉（食用）

糖霜
轮廓：●PI＋●LY/中等
涂抹：●PI＋●LY/软
图案：●WH/中等

MIPPU

1
在基底上绘出轮廓后涂抹糖霜，待表面干燥后，从后冠轮廓处开始绘制图案。

2
绘制好精细的花边后，装饰上银糖珠。

3
最后用干毛笔刷上闪粉即可。

Sweets
甜品

Ⓐ 冰淇淋汽水、柠檬汽水

持田彩乃

【材料】
圆形曲奇、糖坯、吸管

【糖霜】
• 汽水　轮廓：●LG/中等
　涂抹：●LG/软
• 柠檬汽水　轮廓：●SB/中等
　涂抹：●SB/软
• 冰淇淋　轮廓、点状：●WH/中等
　涂抹：●WH/软

【糖坯】
樱桃：●CR

1

先用糖坯做出樱桃柄，晾干后
将其插入未干燥的圆形糖坯中。

2

在基底上绘出轮廓后涂抹糖霜，
待表面干燥后绘出冰淇淋部分的
轮廓，并涂抹糖霜。

3

绘出点状图案，再用中等硬度
糖霜粘上樱桃和吸管即可。

Ⓑ 草莓奶油蛋糕

持田彩乃

【材料】
造型曲奇

【糖霜】
• 奶油　轮廓：⚪WH/中等
涂抹：⚪WH/软
挤压：⚪WH/硬
• 蛋糕坯　轮廓：⚪LY/中等
涂抹：⚪LY/软
• 草莓　轮廓：⚪PI+⚫MB/中等
涂抹：⚪PI+⚫MB/软
点状：⚪WH/中等
• 草莓叶　轮廓：⚪LG/中等
涂抹：⚪LG/软

1 在草莓形曲奇上绘出轮廓后涂抹糖霜，待表面干燥后绘上点状图案，然后涂抹叶子部分的糖霜。

2 在基底上绘出蛋糕各部分的轮廓，间隔时间分别涂抹糖霜。

3 用星形金属卡口的裱花袋在蛋糕上挤压适量硬糖霜，然后装饰上草莓即可。

Ⓒ 蒙布朗(又称"勃朗峰栗子蛋糕")

持田彩乃

【材料】
造型曲奇、粉糖、糖坯

【糖霜】
轮廓：⚪LY/中等
涂抹：⚪LY/软
奶油：⚫MB/硬

【糖坯】
栗子：黑可可

1 将糖坯做成栗子形，用勺子等器具的背面给栗子做出磨砂状，再用小刀刻上条纹。

2 在蛋糕下部基底绘出轮廓后涂抹糖霜，在表面干燥前撒上曲奇碎。

3 用蒙布朗专用金属卡口的裱花袋由下至上挤压奶油，干燥前撒上过筛的糖粉，最后装饰上糖坯栗子即完成。

Ⓓ 草莓闪电泡芙

上田美希

【材料】
长条形曲奇、糖组件

【糖霜】
轮廓：⚪PI/中等
涂抹：⚪PI/软
点状：⚪PI、⚪WH/软
奶油：⚪WH/硬

1 在基底上绘出轮廓后涂抹糖霜，在表面干燥前绘出点状图案。

2 将硬糖霜装入星形金属卡口的裱花袋，并在另一曲奇上挤压贝壳纹（P19），然后叠上步骤1的曲奇。

3 最后，装饰上糖组件即可。

Ⓔ 巧克力闪电泡芙

上田美希

【材料】
曲奇、金箔、糖组件

【糖霜】
轮廓：⚫MB+⚫BL/中等
涂抹：⚫MB+⚫BL/软
图案：⚪WH/软
奶油：⚪WH/硬

1 在基底上绘出轮廓后涂抹糖霜，在表面干燥前绘出竖长点状图案，再用牙签拉伸点状中心以做成心形。

2 将硬糖霜装入星形金属卡口的裱花袋，然后在另一曲奇上挤压贝壳纹，叠上步骤1的曲奇，最后装饰上糖组件和金箔糖粉即可。

Ⓕ 蜂蜜煎饼

持田彩乃

【材料】
圆形曲奇、糖坯、糖果

【糖霜】
• 表面　轮廓：⚫MB+⚫CR+黑可可/中等
涂抹：⚫MB+⚫CR+黑可可/软
• 侧面　轮廓：⚪LY/中等
涂抹：⚪LY/软
• 蜂蜜　糖坯/⚪LY

1 仅给曲奇侧面下方绘出轮廓，然后给侧面涂抹糖霜。

2 待侧面糖霜干燥后，在表面绘出轮廓后涂抹糖霜。

3 用中等硬度糖霜将3枚曲奇粘在一起，浇上溶有糖果的杜松子酒，再点缀上糖坯做的蜂蜜即可。

Ⓖ 餐叉、汤勺、餐刀

北迫由夏

【材料】
造型曲奇、彩色糖珠、饰带（非食用）

【糖霜】
轮廓：⚫MB+⚪LY/中等
涂抹：⚫MB+⚪LY/软

1 在基底上绘出轮廓后涂抹糖霜，在汤勺表面的糖霜干燥前撒上彩色糖珠，再用中等硬度糖霜粘上饰带即可。

F

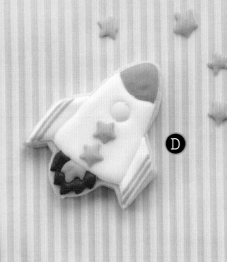

D

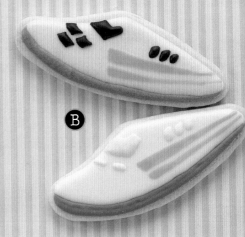

B

Vehicle

交通工具

E

A

POLICE

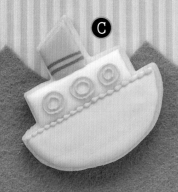

C

Ⓐ 巡逻车、汽车

高桥悦子

材料
车形曲奇
糖霜
• 巡逻车车身
轮廓：◗WH/中等
涂抹：◗WH/软
车窗：◗LY＋●MB/软
图案、文字：黑可可/中等
车灯：◗LY＋●MB,●CR＋
●MB/中等
• 巡逻车车底、轮胎
轮廓：黑可可/中等

涂抹：黑可可/软
图案：黑可可/中等
• 巡逻警灯
轮廓：●CR＋●MB/中等
涂抹：●CR＋●MB/软
• 汽车
轮廓：●SB＋●BL/中等
涂抹：●SB＋●BL/软
车窗：◗LY＋●MB/软
车灯：◗LY＋●MB,●CR＋
●MB/中等

1 在基底上绘出各部分轮廓后，间隔时间分别涂抹糖霜。

2 待表面干燥后，绘出文字及图案即可。

Ⓑ 日本新干线、黄色医生列车

高桥悦子

材料
列车形曲奇
糖霜
• 新干线车身
轮廓：◗WH/中等
涂抹：◗WH/软
线条：●SB＋●MB/软
灯：◗LY/中等
• 新干线车窗　轮廓：●SB/中等
涂抹：●SB/软

• 黄色医生车身
轮廓：◗LY＋●MB/中等
涂抹：◗LY＋●MB/软
线条：●SB＋●MB/软
• 黄色医生车窗
轮廓：黑可可/中等
涂抹：黑可可/软
• 新干线、黄色医生车底
轮廓：●BL/中等
涂抹：●BL/软

1 在基底上绘出各部分的轮廓后，间隔时间分别涂抹糖霜。在车身糖霜干燥前，用软糖霜绘上线条。

2 待表面干燥后，绘出车窗轮廓，并涂抹糖霜。

Ⓒ 船

高桥悦子

材料
船形曲奇
糖霜
• 船顶
轮廓：●SB＋●MB/中等
涂抹：●SB＋●MB/软
线条：●CR＋●MB/软

• 船身
轮廓：◗WH/中等
涂抹：◗WH/软
窗、水滴：●SB＋●MB/中等
• 船底
轮廓：●SB＋●MB/中等
涂抹：●SB＋●MB/软
图案：◗WH/软

1 在基底上绘出各部分轮廓后，先涂抹船底部的糖霜，在干燥前绘上2条线，再用牙签由上至下拉伸成波浪状。

2 涂抹船顶部糖霜，在干燥前绘上2条线。涂抹船身部的糖霜，待表面干燥后绘上窗户和水滴。

Ⓓ 火箭

高桥悦子

材料
火箭形曲奇
糖霜
轮廓：◗WH/中等
涂抹：◗WH/软
火箭头部、线条：◗OR＋◗LY/软
窗：●SB＋●MB/软

• 火焰
轮廓：●CR＋●MB/中等
涂抹：●CR＋●MB,◗OR＋◗LY/软
• 立体星形
轮廓：◗OR＋◗LY/中等
涂抹：◗OR＋◗LY/软

1 在基底上绘出各部分轮廓后涂抹糖霜。在翅膀部分的糖霜干燥前绘上线条。

2 用中等硬度糖霜将晾干的星形剪影（P15）粘在火箭上即可。

Ⓔ 消防车

杉本智子

材料
造型曲奇、银糖珠、糖组件
糖霜
轮廓：黑可可/中等
涂抹：●CR/软
车窗：◗WH/软
车灯：◗LY＋●MB/软
轮胎：黑可可,◗WH/软
图案：黑可可/中等

1 在基底上绘出轮廓后，间隔时间分别涂抹糖霜。

2 待表面干燥后，绘出云梯状图案。

3 绘出各部分的轮廓，最后装饰上银糖珠、糖组件即可。

Ⓕ 飞机

杉本智子

材料
飞机形曲奇、银糖珠、糖组件
糖霜
轮廓：◗WH/中等
涂抹：◗WH/软
线条：●SB/中等

1 在基底上绘出轮廓后涂抹糖霜，待表面干燥后绘上线条，最后粘上银糖珠、糖组件即可。

Tea Time

下午茶

Ⓐ 饰带挂饰

材料
造型曲奇

糖霜
轮廓：●RO＋●MB/中等
涂抹：●RO＋●MB/软
点状：◗WH/软　图案：◗WH/中等
点状（周围）：●RO＋●MB/中等

杉本智子

1

给曲奇面坯做出切口后烘烤，在基底上绘出轮廓后涂抹糖霜，在干燥前绘上点状图案。

2

待表面干燥后绘上图案，再在周围做出点状图案即可。

Ⓑ 柠檬片

材料
圆形曲奇、彩糖

糖霜
轮廓：◗LY/中等硬度
涂抹：◗LY/软
图案：◗WH/软
柠檬籽：◗WH/中等硬度

杉本智子

1

在基底上绘出轮廓后涂抹糖霜，在干燥前绘出柠檬片的纹路。

2

待干燥后，在柠檬片周围挤压一圈软糖霜后撒上彩糖，然后扫掉多余部分。

3

最后绘出水滴以作为柠檬籽。

Ⓒ 茶包

材料
三角形曲奇、银糖珠、章鱼线（非食用）、标签（厚纸）

糖霜
轮廓：黑可可/中等
涂抹：黑可可/软

松浦绘美

1

用竹签等给曲奇面坯打孔后烘烤，在下半部分基底上绘出轮廓。

2

涂抹糖霜，在干燥前粘上银糖珠。最后穿上细线，挂上标签即可。

Ⓓ 角砂糖

材料
角砂糖、银糖珠、糖组件

糖霜
图案：各色/中等

杉本智子、松本绫香

1

在糖块上绘出各种图案，粘上银糖珠及糖组件即可。

Ⓔ 茶具

材料
造型曲奇、珍珠粉

糖霜
・壶身、杯身
轮廓：◗LG＋●MB/中等
涂抹：◗LG＋●MB/软
图案：◗VL/略软于中等
花边、图案、点状：◗GY/中等
・壶底、杯底
轮廓：◗WH/中等
涂抹：◗WH/软

MIPPU

1

在基底上绘出轮廓后涂抹糖霜，在干燥前绘出图案。操作时，可将裱花袋的尖端剪出一个小口。

2

待表面干燥后，绘出花边、图案及点状图案。

Ⓕ 曲奇盒子

材料
方形曲奇（3mm厚）、银糖珠、糖珠、杜松子酒

糖霜
・大盒
轮廓：●PI＋◗OR/中等
涂抹：●PI＋◗OR/软
水滴：◗WH/中等
・小盒
轮廓：◗VL＋●SB/中等
涂抹：◗VL＋●SB/软
刺绣花：◗WH/中等
贝壳纹：◗WH/硬

井上理绘

大盒

1

在基底上绘出纳缝格子轮廓。

2

间隔涂抹糖霜，其干燥后再涂抹剩余糖霜。

3

用中等硬度糖霜将曲奇组合在一起，粘上银糖珠，在接缝处做出水滴纹。

小盒

1

在基底上绘出轮廓后涂抹糖霜，待干燥后用中等硬度糖霜绘上花样，在花样干燥前用蘸有杜松子酒的毛笔给花样做模糊处理（仿刺绣糖霜），然后粘上银糖珠。

2

用中等硬度糖霜将曲奇组合在一起，粘上银糖珠，再用星形金属卡口在接缝处挤压上贝壳纹即可。

Cosmetics

化妆品

Koris Yamano

Ⓐ 腮红&眼影

材料
造型曲奇、糖坯

糖霜

• 框
轮廓：黑可可/中等
涂抹：黑可可/软
点状：●WH/中等
花蕊：●LY/中等

• 腮红
轮廓：
●PI + ●OR + ●MB/中等
涂抹：
●PI + ●OR + ●MB/软
• 眼影
轮廓：●WH/中等
涂抹：●SB + ●MB.
●LG + ●SB + ●MB/软

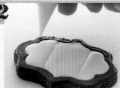

1
在基底上绘出各部分轮廓后，间隔时间分别涂抹糖霜。

2
在腮红盒及眼影盒的框上绘出点状图案，并在花形糖坯的中心处绘上点状图案以作为花心，再用中等硬度糖霜将其粘在作品上即可。

Ⓑ 指甲油

中村知世

材料
长方形曲奇、糖坯、银糖珠

糖霜

• 瓶盖
轮廓：黑可可/中等
涂抹：黑可可/软

• 瓶身
轮廓：●PI, ●SB/中等
涂抹：●PI, ●SB/软
文字：●WH/中等

1
在基底上绘出各部分轮廓后，间隔时间分别涂抹糖霜。

2
待表面干燥后写上文字，在花形糖坯的中心处粘上银糖珠，再用中等硬度糖霜将其粘在作品上即可。

ⓒ 口红

水野惠美

材料
长条形曲奇、糖坯

糖霜
• 唇膏
轮廓：●PI＋●MB/中等
涂抹：●PI＋●MB/软
• 套管
轮廓：○WH/中等
涂抹：○WH/软

• 外管
轮廓：黑可可/中等
涂抹：黑可可/软
花边：●PI＋●MB/中等
• 线条
轮廓：○GY＋●MB＋●BL/中等
涂抹：○GY＋●MB＋●BL/软

1 在基底上绘出各部分轮廓后，间隔时间分别涂抹糖霜。

2 待表面干燥后绘出花边，再用中等硬度糖霜粘上花形糖坯即可。

ⓓ 化妆瓶

水野惠美

材料
造型曲奇

糖霜
• 瓶盖 轮廓：黑可可/中等
涂抹：黑可可/软
• 瓶身 轮廓：○WH/中等
涂抹：○WH/软 条纹：○SB＋○LG/软
• 标签 轮廓：○GY＋●MB＋●BL/中等
涂抹：○WH/软
图案：○GY＋●MB＋●BL/中等
文字：○WH/中等

1 在基底上绘出各部分轮廓后，先涂抹标签部分的糖霜。

2 然后涂抹瓶身部分的糖霜，在干燥前绘上条纹。

3 待表面干燥后，给标签处镶边并写上文字。

ⓔ 粉饼盒

山口有佳子

材料
圆形曲奇、糖坯、杜松子酒、糖珠、珍珠粉

糖霜
• 镜子
点状：○WH/中等
剪影轮廓：黑可可/中等
剪影涂抹：黑可可/软
• 眼影
轮廓：○WH/中等
涂抹：●PI＋●CR,●VL＋●CR,○LG＋●MB,○SB＋●BL,○WH/软
• 盒盖
轮廓：○WH/中等
涂抹：○LG＋●MB,●PI＋●CR/软
图案：○WH/中等

糖坯
镜子：●VL＋●CR,○WH

镜子

1 用大小不同的两种圆形模具分别给2mm厚的糖坯定型，然后用杜松子酒将小圆坯粘在大圆坯上。

2 用中等硬度糖霜粘上预先晾干的剪影（P15），再绘上点状图案。

眼影

1 在基底上绘出各部分轮廓后，间隔时间分别涂抹糖霜，然后绘上心形。

2 用干毛笔刷上珍珠粉后，绘出图案。

盒盖

1 在基底上绘出各部分轮廓后，间隔时间分别涂抹糖霜。待表面干燥后绘出图案，再用中等硬度糖霜粘上糖珠即可。

ⓕ 香水

吉冈佐树子

材料
造型曲奇、珍珠粉

糖霜
• 瓶身
轮廓：●PI＋●OR/中等
涂抹：●PI＋●OR/软

• 瓶盖、标签
轮廓：○LY/中等
涂抹：○LY/软
文字：○WH/中等
• 压球
轮廓：●VL/中等
涂抹：●VL/软
图案：●VL/中等

1 在基底上绘出各部分轮廓后，间隔时间分别涂抹糖霜。

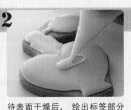

2 待表面干燥后，绘出标签部分的轮廓后涂抹糖霜，待标签表面干燥后用毛笔刷上珍珠粉，再写上文字即可。

ⓖ 化妆刷

吉冈佐树子

材料
长条形曲奇、糖坯、珍珠粉

糖霜
• 刷柄
轮廓：○LY/中等
涂抹：○LY/软
图案：○LY/中等

• 刷头
轮廓：●PI/中等
涂抹：●PI/软
刷毛：●PI/中等

糖坯
饰带：●VL

1 在基底上绘出各部分轮廓后，间隔时间分别涂抹糖霜。

2 待表面干燥后，用毛笔刷上珍珠粉，绘出刷头、刷柄部分的图案，最后粘上糖坯饰带（P21）即完成。

Animal

Ⓐ

Ⓑ

Ⓒ

Ⓐ 猫

真岛阳子

【材料】
造型曲奇、银糖珠、糖组件

【糖霜】
轮廓：●WH,●MB＋●BL/中等
涂抹：●WH,●MB＋●BL/软
眼：●RB/中等硬度 鼻、口：●PI/中等

1

给曲奇涂抹糖霜，然后用中等硬度糖霜在胸口处做出蓬松状。

2

绘出猫的脸部，再将糖组件粘在脖颈处。

Ⓑ 卷毛狗

macaron macaron

【材料】
造型曲奇、饰带（非食用）

【糖霜】
脸部、腿部：●OR＋●MB/软
毛：●WH,●PI/硬
鼻：●MB/中等

1

用鹿形模具定型曲奇面坯，用刀将耳朵及腿部的面坯切短些，然后烘烤。用软糖霜在曲奇上绘出狗的脸部和腿部。

2

用硬糖霜在狗身上挤压若干玫瑰纹（P19）。

Ⓒ 熊

上田洁美

【材料】
造型曲奇、银糖珠、糖坯组件

【糖霜】
轮廓：●PI,●MB＋●LY/中等
涂抹：●PI,●MB＋●LY/软
凸凹纹：●MB＋●LY/略软于中等硬度
眼：黑可可/中等

1

给曲奇涂抹糖霜，待其彻底干燥后，用毛笔蘸着略软于中等硬度的糖霜做出凹凸纹。

2

用中等硬度糖霜绘出耳朵、腿部及嘴周围的轮廓，然后涂抹软糖霜。

3

绘出鼻子、嘴及眼睛，再用中等硬度糖霜粘上组件即可。

Part.5

立体糖霜曲奇

Candy House

糖果屋

糖果屋

上田浩美

[材料]
方形曲奇、银糖珠、金平糖

[糖霜]

• A侧面
轮廓：●SB/中等
涂抹：●SB/软
窗户：●WH/软
点状：●VL/中等
草：●LG/中等
小花：●WH,●LY/中等

• B侧面
轮廓：●SB/中等
涂抹：●SB/软
花形图案：●WH/软
食用色素：●CR
窗户：●WH/软
锯齿纹：●VL/中等
草、爬山虎：●LG/中等
小花：●WH,●LY/中等

• 正面
轮廓：●SB/中等
涂抹：●SB/软
花形图案：●WH/软
食用色素：●CR
爬山虎：●LG/中等
水滴：●VL/中等

• 门
轮廓：●PI/中等
涂抹：●PI/软
点状：●VL/中等

• 背面
轮廓：●SB/中等
涂抹：●SB/软
锯齿纹：●VL/中等
小花：●WH,●LY/中等
树叶：●LG/中等

• 屋顶
褶纹：●VL + ●PI/硬
锯齿纹：●PI/硬

1
在基底上绘出A侧面各部分的轮廓后，间隔时间分别涂抹糖霜。

2
待步骤1的糖霜干燥后，按窗框形状绘上点状，然后由下至上挤压糖霜以做成小草，再绘上点状图案以做成小花。

3
在基底上绘出B侧面各部分的轮廓后，先涂抹窗户部分的糖霜，再涂抹墙壁。在墙壁糖霜干燥前，绘上点状图案。

4
在步骤3的糖霜干燥前，用牙签蘸有少量食用色素，从点状图案上方轻轻拉伸画圆。

5
待步骤4的糖霜干燥后，在侧面B上绘出小草、小花及爬山虎（同A侧面），再在窗框上挤压一圈锯齿纹。

6
在正面绘上花形图案（同B侧面），待表面干燥后，绘上爬山虎及水滴图案。

7
在作为门的基底上绘出轮廓后涂抹糖霜，待表面干燥后在门周绘上一圈点状，再用中等硬度糖霜将银糖珠粘在门把手处。

8
给背面的窗户做出锯齿纹（同B侧面），再绘上点状图案做成小花、绘上水滴做成叶子。

9
制作屋顶时，先将两种颜色的硬糖霜装入裱花袋（101号金属卡口），并使金属卡口的细头朝下，然后一边上下移动裱花袋一边由下至上挤压糖霜。

10
用中等硬度糖霜将各个组件粘在一起，并在接缝处做出水滴纹。

11
在屋顶侧面挤压硬糖霜（14号金属卡口），以做出锯齿纹。

12
最后，用中等硬度糖霜将金平糖粘在房脊处即大功告成（也可用硬糖代替金平糖）。

Jewelry Box

Ⓐ

Ⓑ

畑千岁

【材料】
曲奇面胚、圆形无底模具、糖坯、
杜松子酒

【模具尺寸】
· 大盒
盒盖：10cm
盒身：9cm
· 小盒
盒盖：6cm
盒身：5cm

【糖霜】
模板：●MB+●BL+●PI/略软于中等
水滴：●MB+●BL+●PI/硬
图案：●MB+●BL+●PI/中等

【糖坯】
盒侧侧面、盒盖上部、饰带：●PI+●MB
盒盖侧面：●MB+●BL+●PI

1 用圆形无底模具给3mm厚的曲奇面坯定型，模具的侧面和底部也要铺上面坯。

2 给底部和侧面的面坯铺上纸，然后装满小石子开始烘烤。

3 烤至上色即可（煤气烤箱160°烤15分钟左右，电烤箱170°烤18分钟左右）。

4 根据首饰盒大小将已上色的2mm厚糖坯修剪成相应尺寸。

5 用模板垫给盒身及盒盖上部的糖坯印上花纹（P23）。

6 在糖坯上薄涂一层杜松子酒，然后粘在盒上。

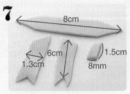

7 按照图上尺寸修剪2mm厚的糖坯以做成饰带（P21）。尺寸可随模具大小适当调整。

8 在盒盖上边及盒身下边处挤压硬糖霜（3号金属卡口）以做出水滴纹。

9 最后，在盒盖下边绘出花纹即完成。

畑千岁

【材料】
曲奇面胚、糖果、金粉、杜松子酒、
银糖珠

【糖霜】
图案：●GY+●MB/中等

1 用直径3cm的圆形模具定型5mm厚的曲奇面坯，再用直径2.5cm的圆形模具在面坯中心处二次定型，并扣去中心处面坯，然后开始烘烤。

2 用微波炉融化糖果，让糖液流入入模具中以做成糖组件，然后用中等硬度糖霜将其粘在曲奇上。

3 给糖果组件绘上图案。

4 在一枚指环上做出锯齿纹，另一枚指环上粘贴银糖珠。

5 最后，用毛笔蘸着溶有金粉的少量杜松子酒给图案上色即完成。

内 容 提 要

常常看到甜品店里形状可爱、色彩缤纷的糖霜曲奇，让人不自觉赞叹这种美食的艺术。就连各路明星都纷纷加入到糖霜美食地制作中。很多人认为糖霜曲奇的做法很难，其实不然，只要简单掌握了其中的技巧和小窍门，任何人都可以轻松做出像艺术品一样的糖霜曲奇！

北京市版权局著作权合同登记号：图字 01-2016-4328 号

本书通过创河（上海）商务信息咨询有限公司公司代理，经日本株式会社日东书院本社授权出版中文简体字版本。

HAJIMETE!KANTAN!KAWAII!ICINGCOOKIE

Copyright © Japan salonaise association 2014.

All rights reserved.

First original Japanese edition published by Nitto Shoin Honsha Co.,Ltd.,Japan.

Chinese (in simplified character only) translation rights arranged with Nitto Shoin Honsha Co.,Ltd.,Japan

through CREEK & RIVER Co., Ltd. and CREEK & RIVER SHANGHAI Co., Ltd.

图书在版编目（ＣＩＰ）数据

　　新手一学就会，可爱、简单的糖霜曲奇 / 日本主妇
兴趣技能协会著 ； 冯莹莹译. -- 北京 ： 中国水利水电
出版社，2017.4
　　ISBN 978-7-5170-5326-2

　　Ⅰ. ①新… Ⅱ. ①日… ②冯… Ⅲ. ①饼干—制作
Ⅳ. ①TS213.2

　　中国版本图书馆CIP数据核字(2017)第076630号

摄影：村上佳奈子　　　设计：宫下晴树
造型：上田浩美　五十岚明贵子　广高都志子　井上理惠
助理：日本主妇兴趣技能协会糖霜饼干认定讲师
策划编辑：杨庆川　责任编辑：邓建梅　加工编辑：庄　晨　美术编辑：梁　燕

书　　名	**新手一学就会，可爱、简单的糖霜曲奇** XINSHOU YIXUEJIUHUI, KEAI、JIANDAN DETANGSHUANG QUQI
作　　者	【日】日本主妇兴趣技能协会　著　冯莹莹　译
出版发行	中国水利水电出版社 （北京市海淀区玉渊潭南路 1 号 D 座　100038） 网　址：www.waterpub.com.cn E-mail：mchannel@263.net（万水） 　　　　sales@waterpub.com.cn 电　话：（010）68367658（营销中心）、82562819（万水）
经　　售	全国各地新华书店和相关出版物销售网点
排　　版	北京万水电子信息有限公司
印　　刷	北京市雅迪彩色印刷有限公司
规　　格	184mm×260mm　16开本　6.5印张　142千字
版　　次	2017年4月第1版　2017年4月第1次印刷
印　　数	0001—5000册
定　　价	50.00元

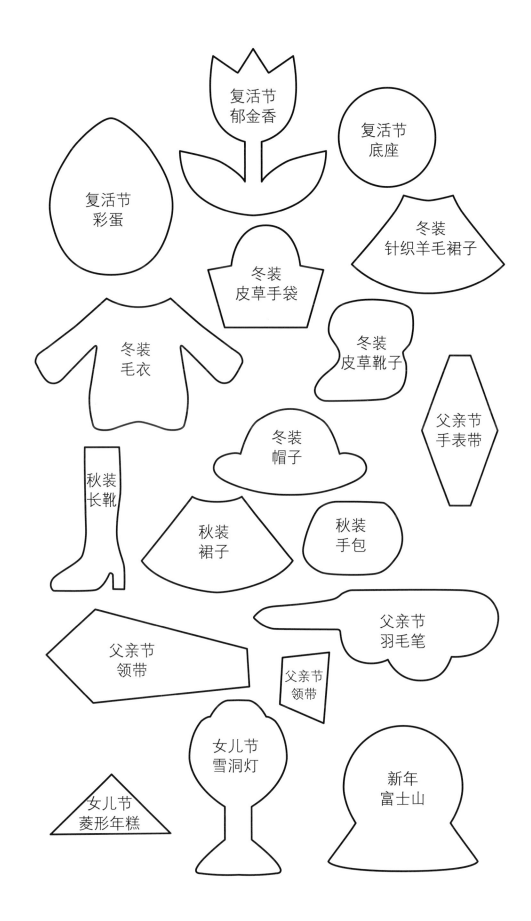

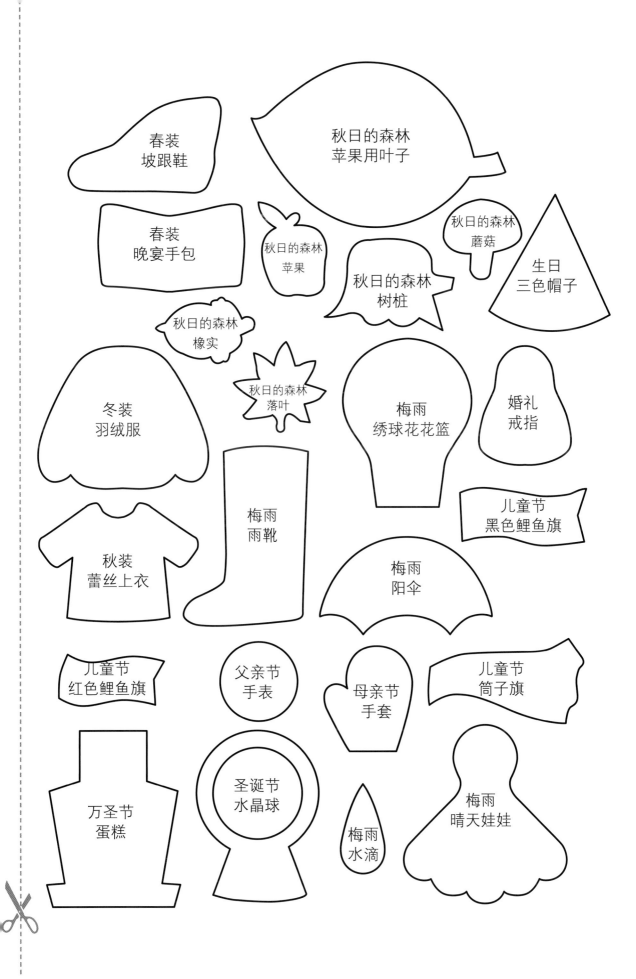

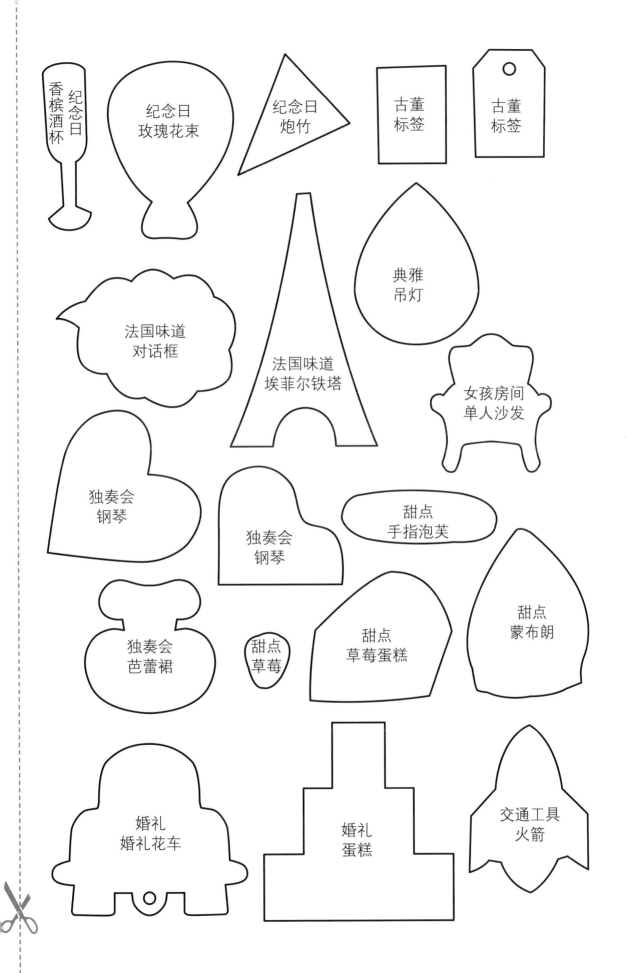

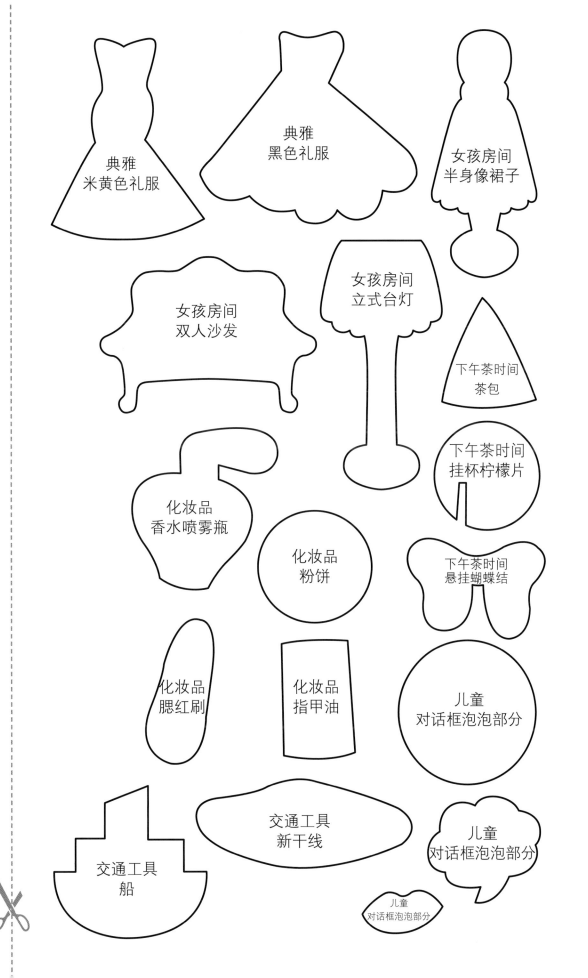